Krokodilschwanzechsen

Shinisaurus crocodilurus

Michael Zollweg & Heiko Kühne

Terrarien NTV Bibliothek

Natur und Tier - Verlag

Bildnachweis:
Titelbild: Männliche Krokodilschwanzechse Foto: G. Stelzner/M. Zollweg
Hintergrund: Haut von *Shinisauarus crocodilurus* Foto: G. Stelzner/M. Zollweg
Rückseite (von oben nach unten): Porträt einer Krokodilschwanzechse Foto: G. Stelzner/M. Zollweg
Krokodilschwanzechse in ihrem Element Foto: G. Stelzner/M. Zollweg
Männliche Krokodilschwanzechse in Drohhaltung Foto: G. Stelzner/M. Zollweg

ISBN: 978-3-86659-218-6

An der Kleimannbrücke 39/41
48157 Münster
www.ms-verlag.de

Geschäftsführung: Matthias Schmidt
Lektorat: Mike Zawadzki & Heiko Werning
Layout: Mirko Barts, GeitjeBooks Berlin
Druck: Alföldi, Debrecen

Inhaltsverzeichnis

Shinisaurus crocodilurus – ein lebendes, aber stark gefährdetes Fossil

Als Professor Shin und seine wissenschaftlichen Mitarbeiter im Jahr 1928 bei einer Forschungsreise durch die chinesische Provinz Guangxi auf eine bis dahin unbekannte Echsenart stießen, war für sie sicherlich noch nicht abzusehen, was für einen interessanten Fund sie getätigt hatten. Das stark an das Wasser gebundene Reptil wurde zwei Jahre später vom deutschen Zoologen Ernst Ahl unter dem Namen *Shinisaurus crocodilurus* als neue Art beschrieben (Ahl 1930). Bis zum heutigen Tag sorgt diese bemerkenswerte Echse sowohl im wissenschaftlich-taxonomischen Zusammenhang als auch aus allgemeiner herpetologischer Sicht stets für neue Erkenntnisse.

Obwohl sich fossile Verwandte von *Shinisaurus* bis in die Kreidezeit (ca. 70 Mio. Jahre) zurückverfolgen lassen und Fossilfunde aus dem Erdzeitalter des Eozäns (rund 48 Mio. Jahre) nahezu identische Körpermerkmale mit den rezenten Krokodilschwanzechsen aufweisen, wäre es ohne intensive Schutzmaßnahmen heute um die Art schlecht bestellt.

Shinisaurus crocodilurus besitzt nur noch inselartige Vorkommen in China und Vietnam und ist hochgradig bedroht.

Ein gezieltes Erhaltungszuchtprogramm vor Ort kann sicherlich zum Fortbestand der Art beitragen, aber auch entsprechende Aktivitäten in zoologischen Gärten und von engagierten Privatpersonen können und sollen einen Beitrag zur Arterhaltung leisten. Grundlage dafür sind umfassende Kenntnisse um die Lebensumstände in der Natur sowie über die Haltung und Vermehrung dieser Art in Menschenobhut. Mit dem vorliegenden Buch wollen wir einen Beitrag leisten, den Kenntnisstand um diese faszinierende, aber leider stark bedrohte Art zu verbessern.

Wohl wissend, dass dieses Buches möglicherweise beim Leser auch den Wunsch weckt, diese Tiere im Terrarium zu pflegen, appellieren wir an den umsichtigen Liebhaber, nur Nachzuchtexemplare zu erwerben. Eine erhöhte Nachfrage an *Shinisaurus crocodilurus* könnte sich negativ auf den Bestand der Art in der Natur auswirken. Der Haltungswunsch sollte daher immer die Vermehrung zum Ziel haben. Entsprechend optimal sind die Haltungsumstände zu planen und umzusetzen. Hier hoffen wir, mit dem Buch Hilfestellung bieten zu können.

Natürlich soll auch auf die Schutzbedürftigkeit der Art hingewiesen werden. Neben der Zerstörung des Lebensraums und der Wilderei bedrohen auch natürliche Ereignisse ihren Bestand. Im Winter 2008 etwa kam es in einigen Gegenden Chinas im Verbreitungsgebiet der Art zu einer ungewöhnlichen und wochenlangen Frostperiode, die den Bestand des immergrünen Waldareals nachhaltig angegriffen hat.

Wir möchten unsere Einnahmen aus diesem Buch der *Shinisaurus*-Initiative der Zoologischen Gesellschaft für Arten- und Populationsschutz e. V. (ZGAP) spenden, die mit dem Geld die Biologische Sektion der Freien Universität Guilin bei der Unterhaltung einer Zuchtstation für Krokodilschwanzechsen sowie beim Schutz des Lebensraumes der Art unterstützt.

Michael Zollweg & Heiko Kühne
Dreieich & Westerkappeln, 2013

Name

Im Jahr 1930 beschrieb der Berliner Zoologe Ernst AHL (1898–1943) eine bis dahin unbekannte Echsenart, die zwei Jahre zuvor in China entdeckt und ihm anschließend übersandt wurde, als *Shinisaurus crocodilurus*. Diese Art unterschied sich so sehr von allen bisher bekannten Echsen, dass er sie nicht nur einer neuen Gattung zuordnete, sondern sie auch in eine neue Familie namens Shinisauridae stellte.

Der wissenschaftliche Gattungsname setzt sich aus den Begriffen „Shin" – zu Ehren des Entdeckers der Art, Prof. Shin – sowie „saurus", dem lateinischen Wort für Echse, zusammen. Das Artepitheton *crocodilurus* nimmt Bezug auf die zweireihige Beschuppung im Schwanzbereich (gr. uros – Schwanz) der Tiere, die dem charakteristischen Schwanzkamm der Krokodile ähnelt.

Im deutschen Sprachgebrauch wurde lange Zeit der Begriff „Krokodilschwanzhöckerechse" verwendet, womit auf die taxonomische Stellung der Tiere und die vermeintliche Verwandtschaft zur Familie der Höckerechsen (Xenosauridae) hingewiesen wird. So wird *Shinisaurus crocodilurus* im Englischen als „Chinese Xenosaurid" bezeichnet. Die sich in diesen Namen widerspiegelnden vermeintlichen Verwandtschaftsverhältnisse gelten jedoch mittlerweile als überholt. Auf den Zusatz „Höcker" in der deutschen Bezeichnung sollte daher verzichtet werden. Mittlerweile hat sich der Name „Krokodilschwanzechse" eingebürgert.

Die zweireihige Beschuppung im Schwanzbereich von *S. crocodilurus* ähnelt dem charakteristischen Schwanzkamm der Krokodile
Foto: G. Stelzner/M. Zollweg

Zum Vergleich: die Schwanzbeschuppung von *Crocodylus johnsoni*
Foto: G. Stelzner/M. Zollweg

Zuchtpaar der hochgradig gefährdeten Krokodilschwanzechse (links Weibchen, rechts Männchen)
Foto: G. Stelzner/M. Zollweg

Lange Zeit wurde eine nahe Verwandtschaft mit den Höckerechsen der Familie Xenosauridae vermutet. Im Bild: *Xenosaurus phalaroanthereon* mit Jungtieren.
Foto: C. Langner

In China und Vietnam hat *S. crocodilurus* orts- und landesspezifische Namen. Diese variieren in China sogar zwischen einzelnen Verwaltungsbezirken, beispielsweise innerhalb der Provinz Guangxi. Hier wird die Krokodilschwanzechse im Bezirk Jinxiu als „große schlafende Schlange", im Bezirk Zhaoping als „großer schlafender Fisch" und im Bezirk Hexian als „ins Wasser fallender Hund" bezeichnet. Diese Namensgebungen leiten sich aus typischen Verhaltensweisen ab, auf die später noch eingegangen wird. Im Verbreitungsgebiet der Art in Vietnam wird sie als „Cam Cam" bezeichnet (Ziegler et al. 2008).

Shinisaurus crocodilurus: Wanderer zwischen zwei Welten
Foto: G. Stelzner/M. Zollweg

Körperbau

Zwar sagt ein Bild manchmal mehr als tausend Worte, doch wollen wir deshalb keineswegs auf eine ausführliche Beschreibung von *S. crocodilurus* verzichten und Ihnen stattdessen einfach nur Bilder präsentieren. Gerade die Besonderheit dieser archaischen Echse und ihre Stellung im Tierreich rechtfertigen es unserer Meinung nach, ausführlich auf einige morphologische Aspekte (Morphologie: Lehre von der Form und Gestalt von Organismen) einzugehen. Um die speziellen anatomischen Merkmale sowie die äußerst variable Färbung der Art ausführlich wiederzugeben, möchten wir an dieser Stelle Ernst AHL zitieren, der sie 1930 in den „Beiträgen zur Lurch- und Kriechtierfauna Kwangsi's" wie folgt beschrieben hat:

„*Körpergestalt ziemlich gedrungen. Kopf hoch, kantig, die Haut fest mit den Schädelknochen verwachsen. Schnauze kürzer als der postorbitale* (Anm.: hinter dem Auge liegend) *Teil des Kopfes; Canthus rostralis* (Anm.: der Winkel zwischen der flachen Kopfoberseite und den Kopfseiten zwischen den Augen und der Schnauzenspitze s. o.) *scharf, gebogen, die Nasenlöcher etwa in der Mitte zwischen Orbita-* (Anm.: knöchernde Augenhöhle) *Vorderrand und der Schnauzenspitze. Schnauzenspitze spitz abgerundet; Lorealgegend senkrecht; Oberlippe mit zwei Reihen von Schuppen; Schnauze und Oberseite des Kopfes mit vielen kleinen Schuppen besetzt; Nasenloch in einem einzigen Nasale oder zwischen einer Anzahl kleinerer Schuppen; die Kopfschuppen rau oder mehr oder weniger gekielt; Supraorbitale* (Anm.: Oberhalb der Augenhöhle) *mit einer bis zwei Reihen größerer Schuppen und 2–3 Reihen kleinerer Schuppen; Supraciliaren* (Anm.: Augenbrauenschilde) *klein, aber sehr deutlich, nach hinten in eine scharfe Kante an den Kopfseiten übergehend. Temporalgegend* (Anm.: Schläfenbereich) *mit kleinen Schuppen und einigen unregelmäßig verstreuten größeren scharf gekielten dazwischen; Unterlippen mit etwa vier Reihen von Schilden. Hinterfuß kürzer als Kopf; vierter Finger sehr wenig länger als der dritte; bei angepressten Gliedmaßen berühren sich die Vorder- und Hinterbeine. Haut oben und an den Seiten fein gerunzelt, mit kleineren, verstreuten, scharf gekielten, und größeren, scharf gekielten, verknöcherten, sehr großen, unregelmäßig verstreuten Schuppen und Schilden besetzt. Auf dem Nacken sind diese großen Schilde, besonders beim Männchen, seitlich in Längsreihen angeordnet. Seiten des Halses und die Kehle mit etwa gleich großen, gekielten, tuberkelähnlichen Schuppen dicht besetzt. Ein deutliches Collare* (Anm.: Kragenband) *aus 10–12 großen, glatten oder nur sehr schwach und stumpf gekielten Schuppen vorhanden. Bauchschuppen groß, glatt, etwa rhombisch nebeneinanderliegend, in den Zwischenräumen mit einzelnen sehr kleinen Schüppchen, in etwa 13 Längsreihen und etwa 26–27 Querreihen angeordnet. Anus vorne von 6–7 Platten begrenzt. Schwanz lang, länger als Kopf und Körper, oben mit zwei Reihen scharf gekielter, zwei Leisten bildender großer Schuppenreihen; in 36–40 Wirtel eingeteilt, deren jeder ein Paar dieser großen scharf gekielter Schuppen oben trägt, und an den Seiten von etwa drei bis vier Reihen mehr oder weniger scharf gekielter Schuppen gebildet wird; Unterseite des Schwanzes mit glatten Schuppen bedeckt, ähnlich denen des Bauches. Vorder- und Hinterbeine mit ungleich großen, scharf gekielten Schuppen bedeckt. Keine Femoral- oder Inguinalporen* (Anm.: Oberschenkel-Leistenporen) *vorhanden.*

Färbung (in Alkohol) oben bräunlich grau, mit sehr undeutlichen, verwaschenen schwarzen Flecken. Oberseite des Kopfes von der Farbe des Rückens; Seiten des Kopfes hellbraun beim Männchen, hellgrau beim Weibchen, bei beiden mit etwa vier schwarzen, von der Orbita (Anm.: Augenhöhle) *ausgehenden schwarzen Querbinden. Seiten des Körpers etwas heller als der Rücken, schwarz gefleckt oder quer gebändert. Unterseite gelblich oder rötlich, Kehle beim Weibchen von derselben Farbe, beim Männchen Kehle und Unterseite und Seiten des Halses rotbraun, wie denn überhaupt die Grundfarbe des Männchens mehr ins Rötliche, die des Weibchens mehr ins Graue spielt. Kehle und Bauch mit einigen kleinen schwarzen Flecken. Oberseite und Unterseite der Extremitäten von der Färbung des Rückens beziehungsweise des Bauches. Schwanz von der Körperfarbe mit etwa zehn beim Weibchen einfachen, beim Männchen doppelten schwarzen breiten Querbinden.*

Männchen außer durch die Färbung durch stärker entwickelten Kopfkanten und die stärker gekielten und größeren Körperschilde ausgezeichnet. Hemipenis am distalen Ende mit vielen kleinen Papillen und zwei langen Stacheln.

Totallänge des Männchens 320 mm, davon 175 mm auf den Schwanz; Totallänge des Weibchen 337 mm, davon 177 mm auf den Schwanz ...“

Ausgehend von diesen Ausführungen soll nun in Text und Bild auf einige der von Ahl gemachten Beschreibungen eingegangen werden.

Krokodilschwanzechsen können prächtig gefärbt sein
Foto: G. Stelzner/M. Zollweg

Größe und Gewicht

Adulte Krokodilschwanzechsen erreichen eine durchschnittliche Gesamtlänge um die 40 cm (Evers 2008; Zhao et al. 1999). Wölfel (2003) berichtet von Ausnahmegrößen bei einzelnen Tieren von bis zu 50,5 cm.

Angaben zum durchschnittlichen Gewicht der Echsen sind schwierig zu treffen, da dieses von der Konstitution des entsprechenden Tieres abhängig ist. In der Literatur werden für ausgewachsene Krokodilschwanzechsen Gewichtsangaben zwischen ca. 100 und 130 g – im seltenen Extremfall bis zu 400 g – angegeben (Wölfel 2003). Bei trächtigen Weibchen erhöhen sich diese Angaben entsprechend; nach Untersuchungen chinesischer Wissenschaftler (Z. Wu, mündl. Mittlg.) und eigenen Messungen der Autoren beträgt das Gewicht hochträchtiger Weibchen normalerweise rund 135–200 g.

Das Geburtsgewicht junger Krokodilschwanzechsen liegt nach oben genannten Quellen sowie eigenen Aufzeichnungen zwischen 3 und 5 g. Abweichend hiervon nennt Grychta (1993) ein Gewicht von 10,5–13 g. Die Gesamtlänge neu geborener Jungtiere liegt nach unseren Messungen bei durchschnittlich 10–13 cm.

Skelett

Das Skelett von *S. crocodilurus* weist laut Hu et al. (1984) und Conrad (2004) folgende plesiomorphe (ursprüngliche) Merkmale im Bereich des Schädels auf:

- ein komplettes supratemporales (über der Schläfe gelegenes) Fenster
- Vorhandensein eines supratemporalen Knochenbogens
- eine komplette postorbitale (hinter der Augenhöhle gelegene) Knochenschiene
- Vorhandensein eines Lacrimalknochens.

Neben weiteren ursprünglichen Skelettmerkmalen lassen sich zudem ein sogenann-

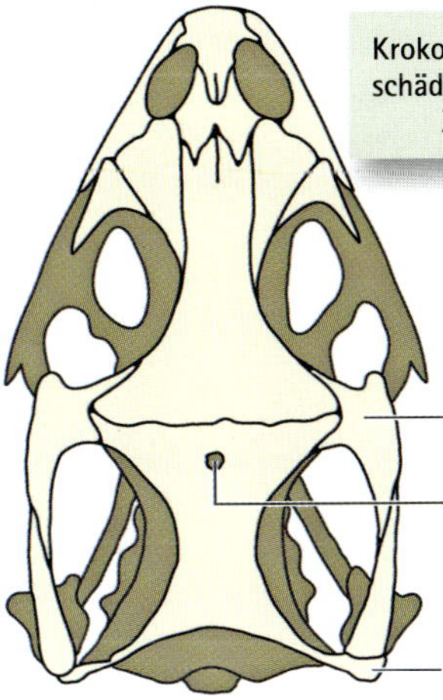

Krokodilschwanzechsenschädel von oben
Zeichnung von G. Stelzner

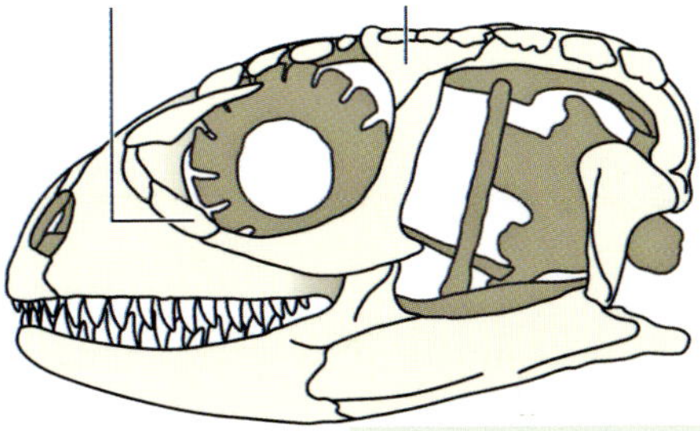

Krokodilschwanzechsenschädel von der Seite
Zeichnung von G. Stelzner

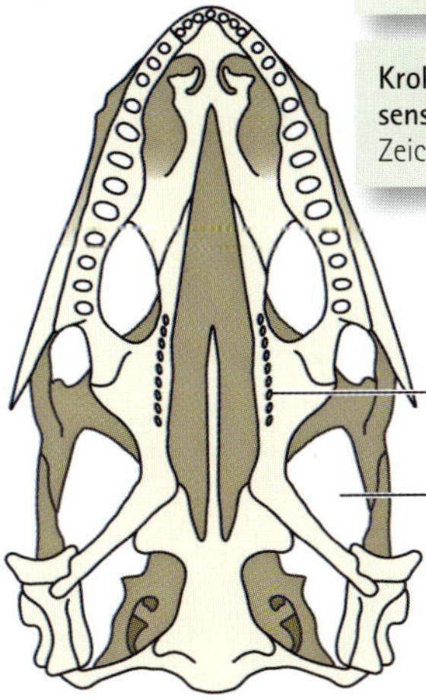

Krokodilschwanzechsenschädel von unten
Zeichnung von G. Stelzner

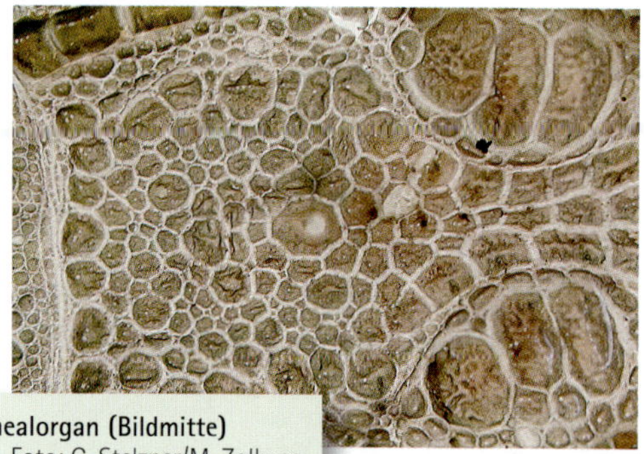

Pinealorgan (Bildmitte)
Foto: G. Stelzner/M. Zollweg

tes Scheitelauge oder Pinealorgan sowie Gaumenzähne nachweisen. Das Scheitelauge ist ein lichtempfindliches, thermoregulatorisches Organ, das auf dem Scheitelbein des Schädels liegt und vermutlich zur Wahrnehmung von Helligkeitsunterschieden dient. Dabei wird die Lichtintensität der Umgebung über das Pinealorgan im Gehirn registriert und an die Schilddrüse weitergeleitet. Unter dem Einfluss des Schilddrüsenhormons kommt es einerseits zur Steigerung des oxidativen Stoffwechsels, also der Verbrennung von Kohlenhydraten, Eiweißen und Fetten. Andererseits führt eine eingeschränkte oder verkürzte Lichtintensität, wie sie z. B. jahreszeitlich bedingt ist, zu einer Drosselung des Stoffwechsels, was dann letztendlich die Winterruhe einleitet.

Gaumenzähne sind bereits bei fossilen Amphibien aus aus dem Erdzeitalter des Devon bekannt und unterstützen vermutlich die eigentlichen Zähne beim Festhalten der Beute.

Haut

Da die äußere Haut der Krokodilschwanzechsen nicht mitwächst, häuten sich die Tiere in unregelmäßigen Abständen. Dabei löst sich die Haut in Fetzen vom Körper. Bereits vor der eigentlichen Häutung kündigt sich das bevorstehende Ablösen des alten Hautkleides durch eine milchige Trübung der Haut an. Die Stellen fallen dann hohl, was besonders bei nasser Haut ins Auge fällt. Erst wenn sich an einigen Stellen kleine Risse gebildet haben, trennt sich die alte Haut in mehr oder weniger großen Fetzen vom Körper. Insgesamt kann sich die Häutung der Krokodilschwanzechsen über mehrere Tage hinziehen.

Eine weitere Besonderheit bei *S. crocodilurus* ist das Vorhandensein sogenannter Osteodermen oder Osteodermata, d. h. unter der Haut liegende Knochen (-platten), die Teil der Panzerung sind. Einen vollständig ausgebildeten Knochenpanzer aus Osteodermen findet man bei den Krokodilen (Crocodilia).

Bever et al. (2005) haben festgestellt, dass sich die kleinen Knochenplatten im Schädelbereich („cephalic osteoderms“) bei Krokodilschwanzechsen erst im fortgeschrittenen Alter nachweisen lassen, während sie bei juvenilen Exemplaren noch nicht voll ausgebildet sind. Die einzelnen Knochenplättchen liegen frei in der Haut und sind dabei weder untereinander noch mit dem Schädel verbunden oder verwachsen.

Im Schädelbereich sind die Osteodermen als flache, unregelmäßig geränderte Knochenplättchen unterschiedlicher Größe ausgebildet,

Bei der Häutung löst sich die alte Haut in mehr oder weniger großen Fetzen vom Körper
Foto: G. Stelzner/M. Zollweg

Seitenansicht der Beschuppung einer Krokodilschwanzechse. Gut zu erkennen sind die als Osteodermen bezeichneten Knochenplatten, die Teil der Panzerung sind.
Foto: G. Stelzner/M. Zollweg

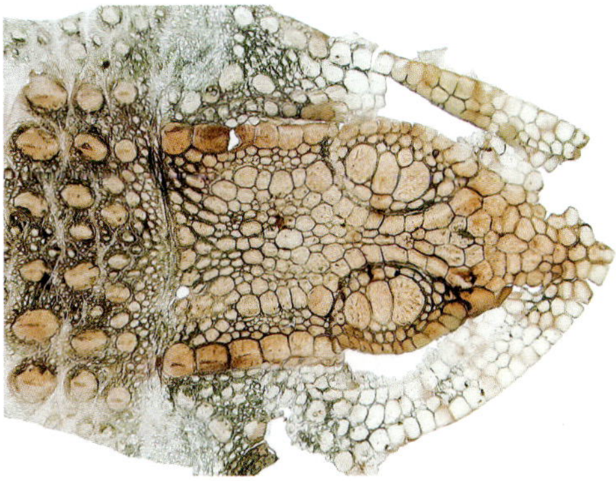

Häutungsrest: Kopfansicht mit Osteodermen
Foto: G. Stelzner/M. Zollweg

Rückenansicht mit Osteodermen
Foto: G. Stelzner/M. Zollweg

Häutungsrest des Schwanzbereichs mit Osteodermen
Foto: G. Stelzner/M. Zollweg

wobei sich die größten von ihnen am Dach der Augenhöhlen befinden.

Am dorsolateralen Schädelrand (also seitlich zum Rücken hin) kann eine Konzentration dieser Knochenplättchen verzeichnet werden, während sie in geringerer Anzahl an den Schläfen vorhanden sind und an der Schädelunterseite fast gänzlich fehlen. Im Schnauzenbereich sind die Osteodermen dagegen regelmäßig angeordnet.

Weiterhin befinden sich Osteodermen im Flanken- sowie – ganz charakteristisch – im Schwanzbereich, wo die markant ausgebildete Doppelreihe an den namensgebenden Krokodilschwanz erinnert. Die Körperunterseite ist frei von Osteodermen.

Beschuppung der Bauchseite
Foto: G. Stelzner/M. Zollweg

Färbung

Bei adulten Krokodilschwanzechsen überwiegen in der Grundfärbung unterschiedlichste Brauntöne, in denen schwarze Flecken oder Sprenkel eingelagert sind. Zudem weisen die Tiere eine unregelmäßige Körperbänderung auf. Auffallend ist bei allen erwachsenen Echsen ein großer schwarzer Fleck im Bereich des oberen Halsansatzes. Darüber hinaus ist die Färbung von *S. crocodilurus* sehr variabel; bei einigen Exemplaren finden sich dezente braungraue Farbtöne, während bei anderen Rot- und Gelbtöne ins Auge fallen.

Krokodilschwanzechsen sind äußerst variabel gefärbt: rötliches männliches Exemplar Foto: G. Stelzner/M. Zollweg

Bunt gefärbte, weibliche Krokodilschwanzechse Foto: G. Stelzner/M. Zollweg

Männliche Krokodilschwanzechse ohne Rotanteil Foto: G. Stelzner/M. Zollweg

Weibliche Krokodilschwanzechse mit brauner Grundfarbe Foto: G. Stelzner/M. Zollweg

Zhao et al. (1999) weisen auf unterschiedliche lokale Farb- und Bänderungsmuster bei adulten *Shinisaurus* hin. Demnach sollen Tiere aus dem Umkreis einzelner lokaler Vorkommen auffallende Bänderungsmuster an den Vorderbeinen aufweisen, während sich Exemplare anderer Fundorte durch auffallend rotorange gefärbte Osteodermen im Rückenbereich von Populationen anderer Regionen unterscheiden. Bisher ist ein solches Auftreten fundortspezifischer Farbvarianten jedoch nicht durch weitere Quellen bestätigt worden. Zudem gibt es noch keine Untersuchungen, ob vielleicht genetische Unterschiede zwischen den einzelnen lokalen Vorkommen bestehen, die eine Aufteilung in Unterarten rechtfertigen würden.

Juvenile Krokodilschwanzechsen zeigen noch keine so ausgeprägten Farbvariationen. Bei ihnen überwiegen dunkle Brauntöne mit rötlichen Tönen an den Flanken. Charakteristisch bei Jungtieren in den ersten Lebenswochen ist ein auffallender, dreieckiger, ockergelber Fleck auf dem vorderen Schädeldach, wie er auch von anderen Echsenarten, wie etwa dem Buschkrokodil *Tribolonotus gracilis*, im Jugendstadium bekannt ist. Die genaue Funktion dieses Flecks ist bisher nicht abschließend erforscht. Nach Wölfel (2003) und Evers (2008) soll der Fleck eine Signalwirkung gegenüber größeren Artgenossen haben, wodurch mögliche Übergriffe verhindert werden sollen. Nach unseren eigenen Beobachtungen können wir diese Vermutung nicht gänzlich bestätigen, da es bei uns im Terrarium in zumindest

Neugeborene Krokodilschwanzechsen mit typischen gelben Dreieck auf dem vorderen Schädeldach
Foto: G. Stelzner/M. Zollweg

Neugeborene Krokodilschwanzechse ohne typische Dreieckszeichnung
Foto: G. Stelzner/M. Zollweg

einem Fall zu Kannibalismus bei *S. crocodilurus* kam. Dabei wurden im Terrarium abgesetzte Jungtiere von mit den Elterntieren vergesellschafteten Artgenossen gefressen. Neugeborene sowie Jungtiere, die über einen längeren Zeitraum nach der Geburt mit den Elterntieren in einem Terrarium lebten, wurden von diesen jedenfalls nicht belästigt, gejagt oder gar gefressen. Oft saßen die Jungtiere sogar auf dem Kopf oder dem Körper der Eltern und benutzten diese als „Ruheplätze" im Wasser.

Bei einem sehr geringen Teil der von uns gepflegten Jungtiere war keine oder nur eine ganz geringe Ausprägung des sonst üblicherweise markanten gelben Dreiecks festzustellen. Bei diesen Tieren sind auch die gesamte Körperzeichnung sowie die Augenfarbe dunkler als bei den normal gefärbten Jungtieren. Die Ursache dieser abweichenden Färbung ist noch nicht geklärt. Auch im subadulten Alter (6–8 Monate) unterscheiden sich nach Beobachtung des Erstautors die vormals nicht mit einem gelben Dreieck versehenen Jungtiere farblich von den heranwachsenden „normal" gefärbten Tieren. Ihre Augenfärbung ist dunkler, fast schwarz, und die Körperfärbung allgemein nicht so intensiv. Es überwiegen neben einem zarten Rot die helleren weißlich gelben Grundtöne der Haut. Brauntöne sind kaum oder nur ganz schwach ausgeprägt. Es bleibt abzuwarten, wie sich die Tiere weiter entwickeln.

Die komplette Umfärbung zur Adultfärbung kann sich bis zu einigen Jahren hinziehen. Während das markante ockergelbe Dreieck bereits nach einigen Wochen nach und nach verschwindet, dauert es bis zur endgültigen Ausbildung der Erwachsenenfärbung nach unseren eigenen Beobachtungen etwa drei Jahre.

Auch die Neugeborenen des Buschkrokodils *Tribolonotus gracilis* weisen eine dreieckige gelbe Zeichnung am vorderen Schädel auf
Foto: J. Meyer

Die systematische Stellung von *Shinisaurus crocodilurus* im System der Reptilien

Ein Teilgebiet der Biologie stellt die Taxonomie dar. Mit ihrer Hilfe werden die verwandtschaftlichen Beziehungen von Lebewesen in einem hierarchischen System erfasst. Die Einteilung erfolgt dabei in einen bestimmten Rang einer Systematik wie Art, Gattung oder Familie. Grundlage für diese Einteilung von Organismen in der Biologie ist das Taxon, d. h., eine Gruppe von Lebewesen, die sich durch gemeinsame Merkmale beschreiben und von anderen Gruppen unterscheiden lässt. Die Aufstellung von Taxa, die nach international festgelegten Nomenklaturregeln erfolgt, bildet die Grundlage für die Taxonomie.

Die wissenschaftliche Einordnung und Stellung von *Shinisaurus crocodilurus* in der Klasse der Reptilien könnte man beinahe als „unendliche Geschichte" bezeichnen. Seit ihrer wissenschaftlichen Beschreibung wechselte sie mehrfach und schien auch bis vor Kurzem noch nicht endgültig geklärt zu sein. Erst in den letzten Jahren konnten einigermaßen sichere Erkenntnisse, die nicht zuletzt auf Fossilfunden mehr oder weniger nahestehender Verwandter der Krokodilschwanzechse basieren, gewonnen werden.

Historische Entwicklung

Nachdem Ahl (1930) die Art wissenschaftlich als *Shinisaurus crocodilurus* beschrieben und sowohl eine neue Gattung als auch Familie für diese außergewöhnliche Echse aufstellte, wurde die systematische Stellung in den darauffolgenden achtzig Jahren mehrfach revidiert (Conrad 2006). So vereinigten Mc-

Aufgrund vermeintlicher Ähnlichkeiten in der Beschuppung und in Schädelmerkmalen wurde die Krokodilschwanzechse lange Zeit zur Gattung *Xenosaurus* gerechnet. Im Bild *Xenosaurus rectocollaris* mit Jungtier.
Foto: C. Langner

Dowell & Bogert (1954) *Shinisaurus* aufgrund vermeintlicher Ähnlichkeiten in der Beschuppung und in Schädelmerkmalen mit der aus Mexiko und Mittelamerika stammenden Gattung *Xenosaurus* zur Familie der Xenosauridae. Andere Autoren äußerten aufgrund ihrer umfangreichen Vergleichsstudien zwischen *Shinisaurus* und *Xenosaurus* sowie den dabei festgestellten Abweichungen in der Osteologie und Morphologie erhebliche Zweifel an dieser Eingruppierung (Hu et al. 1984; Wu & Huang 1986; Zhang 1996). Insbesondere Wu & Huang (1986) sowie Conrad (2004) weisen auf fundamentale Unterschiede in der Morphologie der beiden Gattungen hin. Dennoch blieb die Zuordnung von *Shinisaurus* zu den Xenosauridae zunächst bestehen.

Exkurs: *Xenosaurus*

Klammert man *Shinisaurus* aus, umfasst die Familie Xenosauridae mindestens sechs Arten und mehrere Unterarten: *Xenosaurus grandis, X. newmanorum, X. penai, X. phalaroantheron, X. platyceps* und *X. rectocollaris*. Bei weiteren Tieren dieser Familie steht die wissenschaftliche Beschreibung noch aus (Lemos et al. 2012).

Xenosaurus besiedelt unterschiedliche Biotope in Mexiko und Guatemala. So bewohnt *X. grandis* etwa Felsenhabitate im hochgelegenen immergrünen Regelwald. Hier verstecken sich die Tiere in Felsspalten oder unter Wurzeln, suchen jedoch auch das Wasser auf.

Fossilfunde

Lange Zeit gab es keine oder nur sehr spärliche Fossilfunde ausgestorbener Verwandter oder gar direkter Vorfahren der Krokodilschwanzechse. Dies änderte sich dann mit Funden und deren wissenschaftlichen Beschreibungen Ende des letzten Jahrhunderts sowie in den Jahren 2002–2006.

Zunächst galten Funde aus der Familie der Schleichen (Anguidae) als nächste fossile

Xenosaurus phalaroanthereon
Foto: C. Langner

Funde aus der Familie der Schleichen galten zunächst als nächste fossile Nachweise von nahen Verwandten der Gattung *Shinisaurus*
Foto: G. Stelzner/M. Zollweg

Nachweise von nahen Verwandten der Gattung *Shinisaurus* (Scherpner 1971). Die fossile Familie der Glyptosauridae, und hier speziell Funde der Gattung *Placosauriops* (*Xestops*) aus dem Eozän von Nordamerika und Europa mit einem Alter von rund 50 Millionen Jahren, teilte zahlreiche körperbauliche Charakteristika mit den Krokodilschwanzechsen (Hu et al. 1984).

Geologisch ältere Funde aus der erweiterten *Shinisaurus*-Verwandtschaft sind aus China und der Mongolei bekannt geworden (Evans & Wang 2005; Gao & Norell 1998).

Dabei bilden *Dalinghosaurus* aus der frühen Kreidezeit (Yixian-Formation) mit einem Alter von ca. 120–125 Millionen Jahren sowie *Carusia* aus der späten Kreidezeit (Campanium) der Wüste Gobi, Mongolei, mit einem Alter von etwa 70 Millionen Jahren die ältesten bisher bekannten Funde, die den Krokodilschwanzechsen nahestehen.

Placosauriops abderhaldeni (Kuhn, 1949) teilte zahlreiche körperliche Merkmale mit den Krokodilschwanzechsen
Foto: W. Fuhrmannek

Bahndwivici ammoskius gilt als erster direkter, fossiler Verwandte von *Shinisaurus*
Foto: The Field Museum, Chicago

Neben weiteren Funden aus dem Tertiär Nordamerikas (*Restes, Exostinus*) und Europas (*Merkurosaurus ornatus*) hat aber insbesondere ein aus dem frühen Eozän Nordamerikas stammender, komplett erhaltener Fund einer Echse namens *Bahndwivici ammoskius* dazu beigetragen, die Verwandtschaftsverhältnisse von Krokodilschwanzechsen zu ausgestorbenen und rezenten Echsen, aber auch deren Stellung innerhalb der Reptilien und die entsprechende systematische Einordnung aufzuklären (Klembara 2008; Conrad 2006). Gleichzeitig werden durch dieses Fundstück paläozoogeografische Verbindungen zwischen der Fauna Nordamerikas und Eurasien aufgezeigt und bestätigt.

Bahndwivici ammoskius wurde in den eozänen sogenannten F2-Schichten des Fossil Lake (Green River Formation) im Bundesstaat Wyoming/USA gefunden. Der Gattungsname ist aus der Sprache der Shoshone-Indianer abgeleitet, die das Gebiet um die Fundstelle des Knochenfundes bewohnten, und bedeutet so viel wie „der Attraktive aus dem Wasser“. Das Artepitheton *ammoskius* setzt sich zusammen aus ammos (griechisch für sandfarben) und skia (gr. für Schattierung). Das Fossil befindet sich im Besitz des Field Museum of Natural History, Chicago, USA, und ist dort unter der Nummer FMNH PR2260 registriert.

Die Ablagerungen des Fossil Lake mit einem Alter von rund 48 Millionen Jahren sind weltweit eine der berühmtesten Fundstellen für Fossilien aus dem frühen Eozän (sog. Wasatchian).

Der Fossil Lake gehörte zu einer Reihe von tertiären Seen, die sich in Bassins bildeten, die im Zuge der tektonischen Ereignisse im Zusammenhang mit der Aufwölbung der Rocky Mountains entstanden waren. Nach geologischen Maßstäben existierte der Fossil Lake relativ kurze Zeit (einige wenige Millionen Jahre). Er war der tiefste der damaligen Seen, jedoch gleichzeitig der mit der kleinsten Oberflächenausdehnung. Im Eozän war er eingebettet in eine warme, subtropische Umgebung. Dies lässt sich nicht zuletzt aus den gefundenen Fossilien rekonstruieren. Sowohl die Fauna (z. B. Alligatoren, Würgeschlangen) als auch die Flora (z. B. Palmen, Wein) lassen relativ exakte Rückschlüsse auf die damaligen Klimaverhältnisse zu. Heute wird angenommen, dass eine Jahresdurchschnittstemperatur von etwa 18 °C herrschte. Zum Vergleich: Die Jahresdurchschnittstemperatur für Frankfurt liegt heute bei etwa 11 °C.

Die Ablagerungen des Fossil Lake, Wyoming, USA, sind weltweit eine der berühmtesten Fundstellen für Fossilien aus dem frühen Eozän
Foto: G. Stelzner/M. Zollweg

Geologischer Aufschluss: fossiles Palmblatt aus dem Fossil Lake
Foto: G. Stelzner/M. Zollweg

Die hauptsächlichen fossilführenden Schichten des Fossil Lake sind innerhalb der etwa 80 m dicken Seeablagerungen auf einige Meter beschränkt und werden je nach Beschaffenheit des fossilen Ablagerungsmaterials (Sediments) mit charakteristischen Bezeichnungen belegt. Die sogenannte F1-Schicht, die auch wegen ihrer Sedimentstärke „18 inch layer“ genannt wird, besteht aus relativ weichen, feinen Schichten organischen Materials sowie Kalzit-Ablagerungen. *Bahndwivici* wurde hingegen in den relativ kompakten, aus kalkartigem Material bestehenden F2-Schichten (sog. „split-fish layer“) gefunden, die sich im relativ flachen Uferbereich des eozänen Sees bildeten.

In diesem Bereich der Fundstelle werden neben den vorherrschenden Funden aus der Fischfauna auch Vertreter höherer Wirbeltiere

Typische Fossilien-Fundstelle F2 im Bereich des Fossil Lake
Foto: G. Stelzner/M. Zollweg

Fischfossilien aus dem Fossil Lake
Foto: G. Stelzner/M. Zollweg

gefunden. So sind etwa fossile Vertreter der Würgeschlangen, Warane und Leguane bekannt, die sich mit Alligatoren und Schildkröten den Lebensraum am damaligen Ufer des Sees teilten.

Bahndwivici ammoskius ist insoweit für die wissenschaftliche Einordnung von *Shinisaurus* von herausragender Bedeutung, als dass *Shinisaurus* und der um 48 Mio. Jahre ältere, auf einem anderen Kontinent entdeckte fossile Fund auffallend gleich in nahezu allen Merkmalen ihrer Osteologie sind (Conrad 2006). *Bahndwivici ammoskius* gilt deswegen als erster direkter, fossiler Verwandte von *Shinisaurus.*

Paläogeografisch stellen die weit auseinanderliegenden Fundorte der Verwandten keine Besonderheit dar. Im Gegenteil: Es gibt eine Zahl von fossilen Belegen für eine paläogeografische Verbindung zwischen der Neuen Welt und Eurasien zur Zeit des Eozäns.

Auch in Deutschland lassen sich diese paläogeografischen Zusammenhänge durch Fossilfunde belegen. So sind beispielsweise Fossilien des Schlammfisches *Cyclurus* (*Amia*) und des Knochenhechts *Lepisosteus* aus dem Eozän der Grube Messel bei Darmstadt auch aus den Green-River-Schichten Wyomings bekannt. Darüber hinaus sind Vertreter dieser beiden Arten heute noch rezent auf dem amerikanischen Kontinent vertreten. Der Schlammfisch *Amia calva* lebt im östlichen Nordamerika. Die Knochenhechte Lepisosteidae sind eine Familie von

Rezente Vertreter von in der Grube Messel bei Darmstadt gefundenen Fossilien sind heute noch auf dem amerikanischen Kontinent vertreten: der Schlammfisch (*Amia calva*) ...
Foto: G. Stelzner/M. Zollweg

... und der Knochenhecht (*Lepisosteus oculatus*)
Foto: G. Stelzner/M. Zollweg

Der fossile Schlammfisch *Cyclurus* (*Amia*) *kehreri* ...
Foto: G. Stelzner/M. Zollweg

... sowie der Knochenhecht (*Lepisosteus atractosteus*) aus der Grube Messel sind auch von Fossilfunden aus Wyoming, USA, bekannt
Foto: G. Stelzner/M. Zollweg

Knochenfischen, die mit zwei Gattungen und sechs Arten in Süß- und Brackgewässern Nord- und Mittelamerikas von Kanada bis Costa Rica und Kuba vorkommen.

Taxonomie – heutiger Stand

Auf Basis der oben geschilderten Erkenntnisse erscheint somit die historische taxonomische Einordnung von *Shinisaurus* als ursprüngliche eigenständige Linie durch Ahl (1930) der richtige Ansatz zu sein. Conrad (2006) spricht im taxonomischen Fachjargon davon, dass *Shinisaurus* und ihr altertümlicher Cousin *Bahndwivici* eine sog. basale Radiation, also eine grundlegende Verzweigung einer Entwicklungslinie innerhalb der Überfamilie der Platynota (Waranartige) als Mitglied der Teilordnung der Schleichenartige im weiteren Sinne (Anguimorpha) darstellt.

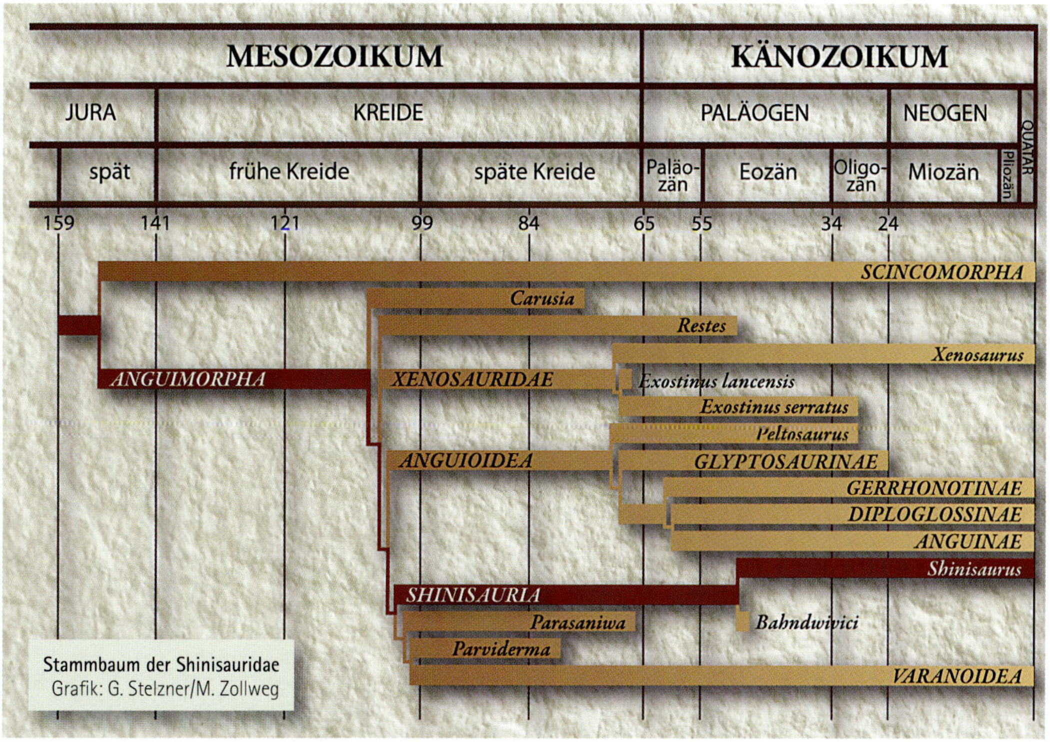

Stammbaum der Shinisauridae
Grafik: G. Stelzner/M. Zollweg

Krokodilschwanzechse aus Vietnam
Foto: T. Ziegler

Verbreitungsgebiet und Lebensraum

Das nachgewiesene Vorkommen von *Shinisaurus* beschränkt sich heute auf Gebiete im südlichen China und im nördlichen Vietnam (Yen Tu Nature Reserve).

Die Verbreitungsdichte von *Shinisaurus* in der Natur ist relativ gering. Für Yen Tu in Vietnam wird eine Zahl von 10–15 Exemplaren pro Quadratkilometer angegeben (Ziegler et al. 2008). An den chinesischen Fundorten wird die Anzahl adulter Exemplare auf durchschnittlich rund zwei Tiere pro Quadratkilometer geschätzt, mit einem Maximum je nach Fundort von zehn Tieren/km² und einem Minimum von einem Tier/km² (Huang et al. 2008).

Lage des Verbreitungsgebiets der Krokodilschwanzechse
Grafik: G. Stelzner

Verbreitungsgebiet der Krokodilschwanzechse in China und Vietnam
Grafik: G. Stelzner

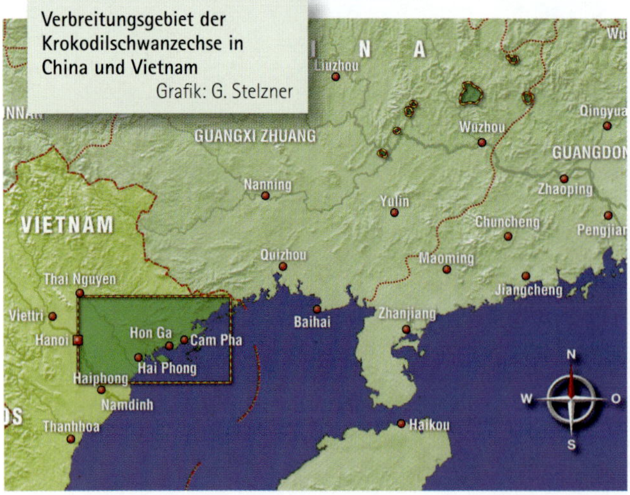

China

In China beschränkt sich das aktuell nachgewiesene Vorkommen von *Shinisaurus* auf Gebiete in den Provinzen Guangdong und Guangxi (Huang et al. 2008). In der Provinz Hunan ließ sich *Shinisaurus* entgegen den Angaben in der älteren Literatur (Zhang 1991) bislang nicht mehr nachweisen (mündl. Mittlg. Z. Wu).

Einige der inselartigen Fundgebiete der Krokodilschwanzechse sind recht gut wissenschaftlich untersucht worden. Hierbei handelt es sich um staatlich geschützte Naturreservate. Für diese geschützten Vorkommensgebiete können Flora und Begleitfauna beschrieben werden.

Vorkommen in der Provinz Guangdong; Luokeng Nature Reserve

Das Vorkommen in diesem Gebiet wurde im Jahr 2002 beschrieben (Chan et al. 2002).

Das Luokeng Nature Reserve liegt im Südwesten des Bezirks Qujiang in der Provinz Guangdong und hat eine Ausdehnung von rund 204 km². Die Topografie dieser aus Kalkablagerungen gebildeten Landschaft wird durch Hügel und kleinere Berge mit Erhebungen um die 1.000 m ü. NN bestimmt.

Krokodilschwanzechse im natürlichen Biotop
Foto: G. Stelzner/M. Zollweg

Die mittlere Jahrestemperatur beträgt rund 19 °C, mit monatlichen Schwankungsbreiten von durchschnittlich ca. 10 °C im Januar und durchschnittlich rund 28 °C im Juli. Dabei können im Winter Temperaturen im Minimum von bis zu -5,6 °C, im Sommer im Maximum bis etwa 39 °C auftreten. Die jährliche Niederschlagsmenge liegt bei ca. 1.640 mm. Das Gebiet wird von Flüssen und Bächen durchzogen, die ostwärts in das Luokeng Reservoir fließen.

Die ursprüngliche Vegetation im Gebiet des Luokeng-Natur-Reservates ist am besten mit subtropischem immergrünen Laubwald („evergreen broadleaf forest") zu beschreiben. An den Hängen der Hügel hat sich im Laufe der Zeit die Vegetation zu einem Mosaik aus Sekundärwald, Buschland („bamboo grove", *Phyllostachys edulis*) und Plantagen sog. „conifer broadleaf forest" – bestehend aus der Chinesischen Spießtanne (*Cunninghamia lanceolata*) und der Kiefer *Pinus massoniana* – geformt. Die ursprüngliche, sehr artenreiche Flora hat sich in Restbereiche zurückgezogen, bildet hier aber immer noch Waldbereiche (sog. „Feng Shui woods") mit Baumhöhen bis zu 30 m (z. B. Scheinkastanien, *Castanopsis eyrei*).

Die Fauna ist artenreich, aber noch nicht vollständig erforscht. Neben Kleinsäugern wie z. B. der Eisgrauen Bambusratte (*Rhizomys pruinosus*) und Fledermäusen (z. B. *Eonycteris spelaea, Rousettus leschenaulti*) gibt es aber auch Berichte über kurzfristige Besuche des Tigers (*Panthera tigris amoyensis*) und des Asiatischen Schwarzbären (*Ursus thibetanus*) im Reservat (Chan et al. 2002).

Bambus im Habitat der chinesischen Krokodilschwanzechse
Foto: G. Stelzner/M. Zollweg

Wird regelmäßig im Lebensraum der Krokodilschwanzechse angetroffen: die Schwarznarbenkröte *Bufo melanostictus*
Foto: G. Stelzner/M. Zollweg

Vorkommen in der Provinz Guangxi

In Guangxi wurden mehrere Vorkommen von *S. crocodilurus* gemeldet: Luoxiang im Bezirk Jinxiu, Jiulong; Bezirk Zhaoping; Lisong im Bezirk Hexianm; Hema im Bezirk Wuxuan; Guxiu im Bezirk Mengshan; Sanlian/Luoyi und Datunxia/Bitan; Guoan im Bezirk Pingnan.

Diese Fundorte liegen inselartig verteilt in südwestlich bis nordöstlich verlaufender Reihe (Huang et al. 2008). Die einzelnen Fundorte liegen im Minimum rund 10 km voneinander entfernt und weisen unterschiedliche Größen auf. Die flächenmäßige Ausdehnung reicht von etwa 2 km² (Guxiu) bis zu rund 335 km² (Luoxiang).

Die höchsten Erhebungen in diesen Lebensräumen sind zwischen 500 m und 1.200 m ü. NN hoch. Die mittlere Jahrestemperatur liegt bei ca. 19 °C, mit entsprechenden jahreszeitlichen Schwankungen. Die Niederschlagsmenge beträgt im Jahresdurchschnitt 2.115 mm.

Die Gebiete werden von zahlreichen kleineren bis mittleren Bächen und Flüssen durchzogen.

Auch in der Provinz Guangxi besteht die ursprüngliche Vegetation aus Pflanzen des subtropischen immergrünen Laubwaldes („broadleaf forest“). Auf den Hängen der Hügel und Berge werden zunehmend Holz- und Gewürzplantagen angelegt, bestehend aus *Cunninghamia lanceolata*, *Illicium verum* und *Cinnamomum cassia*, was oft zur Zerstörung des Lebensraums der Krokodilschwanzechsen geführt hat.

Vorkommen im Daguishan Nature Reserve

Dieser Fundort ist insoweit besonders erwähnenswert, da hier die Krokodilschwanzechsen-Zuchtstation liegt, die wir mit den Einnahmen dieses Buches unterstützen wollen. Das Gebiet wurde im April und Oktober 2011 von einem der Autoren besucht (Zollweg 2011a, b, 2012). Das Verbreitungsgebiet der Krokodilschwanzechse erstreckt sich über das gesamte Gebiet der Daguishan Forest Farm (östlich der Stadt Hezhou im Grenzbereich der Provinzen Guangxu und Guangdong gelegen). Dieses Waldgebiet umfasst eine durch den Menschen angelegte sekundäre Waldlandschaft. Auf dem durch einen Sicherheitsdienst geschützten Gelände der staatlich betriebenen Farm ist jedoch in Teilbereichen der ursprüngliche Pflanzenbewuchs im sog. Daguishan Nature Reserve unter Schutz gestellt worden.

Die west-östliche Ausdehnung des Gebiets beträgt etwa 8,77 km, die nord-südliche etwa 8,9 km. Die Gesamtfläche umfasst ca. 50,4 km². Die Größe des eigentlichen Schutzgebietes beträgt lediglich ca. 18 km². Die Topografie fällt von Nordwest nach Südwest ab. Die höchste Erhebung ist der Zengshanding mit einer Höhe von 1.024 m ü. NN. Der niedrigste Punkt dieses Gebietes ist das Desheng-Tal in einer Höhe von ca. 210 m ü. NN. Alle fließenden Gewässer gehören zum Wassersystem des Pearl River.

Auch der Wasserskink *Tropidophorus sinicus* zählt zur Begleitfauna
Foto: G. Stelzner/M. Zollweg

Die Jahresdurchschnittstemperatur beträgt 19,3 °C, die Temperatur im Januar beläuft sich auf durchschnittlich 9,3 °C, im Juli auf durchschnittlich 28,8 °C, mit Extremwerten von -2,4 °C im Januar und 39,7 °C im Juli. Die durchschnittliche Regenmenge pro Jahr liegt bei 2.056 mm, bei einer relativen Luftfeuchtigkeit von bis zu 82,2 %. Im Durchschnitt gibt es hier 62 Nebel- und 12 Frosttage im Jahr.

Landschaft im Daguishan Nature Reserve, China
Foto: G. Stelzner/M. Zollweg

Landschaft im Daguishan Nature Reserve, China
Foto: G. Stelzner/M. Zollweg

Bananenblüte im Daguishan Nature Reserve, China
Foto: G. Stelzner/M. Zollweg

Das Verbreitungsgebiet ist zu 88,3 % von Wald bedeckt. Die Vegetationsform wird von den Mitarbeitern der Farm „monsoon evergreen broad-leaved forest" genannt. Die ursprüngliche Bepflanzung wird von Cryptocarya (*Cryptocarya chinensis*), Scheinkastanien (*Castanopsis tonkinensis, Castanopsis hystrix, Castanopsis eyreivar*) und Bambus (*Phyllostanchus pubescens*) bestimmt. In Teilbereichen der Vegetation waren jahreszeitlich bedingte Veränderungen festzustellen. So konnte bei dem Besuch des Gebietes im Herbst 2011 durch den Erstautor eine „herbstliche" Verfärbung bei einer Vielzahl von Laubbäumen beobachtet werden.

Rund 40 % der Waldfläche nimmt mittlerweile der von Menschen gepflanzte Sekundärwald ein. Hier sind Pinien (*Pinus massoniana*) und *Eucalyptus* zu nennen. Einzelne Habitate von *Shinisaurus crocodilurus* liegen in diesem Verbreitungsgebiet in den Sekundärwaldbereichen oder in Bereichen, die vor einigen Jahren gerodet und nach und nach wieder von ursprünglicher Flora besiedelt wurden. Oft zeigen sich auch Mischformen in der Vegetation. Neben Bananen, die vermutlich von Waldarbeitern angepflanzt wurden und nunmehr verwildern, gehören Bambus als Pionierpflanze sowie unterschiedlichen Gräser und Farnartige zu den bestimmenden Pflanzen. Zurzeit laufen Untersuchungen, die klären sollen, ob *S. crocodilurus* dauerhaft in diesen „künstlich“ erschaffenen Bereichen überleben und sich fortpflanzen können.

Vorkommen in Vietnam

Im Yen Tu Nature Reserve im nordöstlichen Vietnam konnte *Shinisaurus crocodilurus* im Jahr 2002 erstmals außerhalb Chinas nachgewiesen werden (Quyet & Ziegler 2003).

Das Reservat liegt auf den Bergkämmen, die die Grenze zwischen den nordvietnamesischen Provinzen Quang Ninh und Bac Giang bilden. Es ist rund 80 km von der chinesischen Grenze entfernt und ca. 160 km² groß. Den höchsten Punkt innerhalb des Areals bildet der Mount Yen Tu mit einer Höhe von 1.068 m. Dieser wegen seines Aussehens auch „Elephant Mountain“ genannte Berg ist eine religiöse Wallfahrtsstätte und daher beliebtes Ziel zahlreicher Pilger und Touristen. Krokodilschwanzechsen wurden innerhalb des Naturreservates in Höhen von 400–800 m gefunden.

Die Sommermonate werden vom Nord-Ost-Monsun beeinflusst. Die jährliche Durchschnittstemperatur liegt bei etwa 20 °C, mit Tagestiefstwerten in den Monaten November bis März um 13 °C. Die jährliche Niederschlagsmenge liegt zwischen 1.770 und 2.400 mm, bei 90–170 Regentagen, die sich insbesondere auf die Monate Juli und August konzentrieren. In den Wintermonaten kann es in der Region verstärkt zu lang anhaltendem Nebel kommen. Für den etwas tiefer liegenden Distrikt Son Dang innerhalb

Landschaft im Yen Tu Nature Reserve, Vietnam
Foto: T. Ziegler

der Provinz Bac Giang ergeben sich folgende Klimawerte, basierend auf Daten, die zwischen 1961 und 2002 ermittelt wurden (Vu et al. 2003): Durchschnittstemperatur 22,7 °C; durchschnittliche Niederschlagsmenge 1.663 mm, bei weniger als 60 mm Niederschlag in der „Trockenperiode" von November bis Februar.

Die Flora der höher gelegenen Gebiete um den Yen Tu Mountain wird zunächst von großen Zypressen, insbesondere der Chinazypresse (*Glyptostrobus pensilis*), beherrscht. Die Chinazypresse, auch Wasserfichte genannt, ist die einzige Vertreterin ihrer Gattung und stellt ein lebendes Fossil dar. Während der Kreidezeit gehörten *Glyptostrobus*-Arten zu den häufigsten Vertretern der Zypressengewächse (Cupressaceae). Die Gattung hatte früher eine Verbreitung auf weiten Teilen der Nordhalbkugel. Die weiteste Verbreitung hatte sie im Zeitalter des Paläozäns, also vor rund 60 Mio. Jahren. Auf ihr heutiges Areal wurde die Gattung mit der heute einzigen Art schon vor und während der Eiszeiten zurückgedrängt. Fossile Überreste der Gattung stellten wichtige Untersuchungsobjekte zur Erforschung der Samenpflanzen-Evolution dar.

Die Chinazypresse erreicht Wuchshöhen von 8–25 m. Sie liebt feuchtwarmes Klima und bevorzugt Standorte mit einer hohen Luftfeuchtigkeit und einem hohem Wasserangebot. Hervorzuheben für den vietnamesischen Fundort von *Shinisaurus* ist, dass die Fundregion mit einer Höhe zwischen 400 m und 800 m ü. NN zur Vegetationsform des sogenannten „broad-leaved tropical forest" gehört. Diese ist in Nordvietnam selten geworden. Nach Schätzungen sind lediglich 10 % des ursprünglich vorhandenen Bestandes verblieben (Vu et al. 2003; Lieu 2000). Mittlerweile sind diese Gebiete unter Schutz gestellt (Vu et al. 2003; Lieu 2000).

Landschaft im Yen Tu Nature Reserve, Vietnam
Foto: T. Ziegler

Bambusartige Gewächse (*Bambusacaea*) bilden den Grundstock dieser Vegetationsform. Viele Gewächse in dieser Region stehen auf der Roten Liste vom Aussterben bedrohter Pflanzen- und Baumarten in Vietnam, so etwa *Bambusa ventricosa*, *Erythrophloeum fordii*, *Aquilaria crassna*, *Madhuca pasquieri* und *Vatica odorata*.

Im Hinblick auf die Tierwelt gilt das Yen Tu Nature Reserve ebenso als besonders bemerkenswert. Erste Untersuchungen des Insitute of Ecology and Biological Resources (2000) ergaben das Vorkommen von 45 Säugetier-, 143 Vogel-, 26 Reptilien- und 23 Amphibienarten, darunter auch die endemischen, also nur hier vorkommenden Arten *Tylototriton vietnamensis*, *Rana maosonensis*, *Odorrana yentuensis*, *Rana chapaensis*, *Rana sauteri* und *Sphenomorphus devorator*.

In den Jahren 2004 und 2005 gelang der Erstnachweis von weiteren eng an das Wasser gebundenen Echsen (die Waldskinke *Sphenomorphus cryptotis* und *S. devorator* sowie der Kielskink *Tropidophorus hainanus*), die zusammen mit *Shinisaurus* denselben Lebensraum bewohnen (Ziegler et al. 2008).

Insgesamt ist das Gebiet als außerordentlich wertvoll für den Erhalt der Biodiversität in dieser Region einzustufen (Dzung et al. 2004; Forest Protection Department of Bac Giang Province 2010). Ein Großteil der Region bedarf immer noch der weiteren wissenschaftlichen Erforschung, sodass neue Erkenntnisse zur Artenvielfalt und zur biologischen Bedeutung des Gebietes zu erwarten sind.

Vergleich der Populationen in China und Vietnam

Die Tatsache, dass Krokodilschwanzechsen in Vietnam rund 500 km von der bisher nachgewiesenen chinesischen Population entfernt vorkommen, hat die Frage aufgeworfen, ob und wie sich die vietnamesischen Krokodilschwanzechsen von den Exemplaren aus China unterscheiden.

Ziegler et al. (2008) haben Sequenzen von mitochondrialer DNA (Desoxyribonukleinsäure) von chinesischen und vietnamesischen Krokodilschwanzechsen miteinander verglichen. Dazu wurde mittels DNA-Sequenzierung die Nukleotid-Abfolge in einer Sequenz von 479 Basen-Paaren untersucht.

Bei dem Vergleich der chinesischen Exemplare untereinander konnte eine hohe Kongruenz festgestellt werden, ebenso bei den untersuchten vietnamesischen Krokodilschwanzechsen untereinander. Zwischen den chinesischen und den vietnamesischen Exemplaren ergab sich aber auch lediglich eine Abweichung von einem Basenpaar bzw. 0,2 %. Diese Abweichungsrate liegt außerhalb einer Größenordnung, die es zuließe, von einer Aufspaltung der Art zu reden. Es ist vielmehr von einer innerartlichen Differenzierung („intraspecific differentiation") auszugehen (Ziegler et al. 2008).

Ziegler et al. (2008) nahmen auch morphologische Vergleiche zwischen den in China und den in Vietnam beheimateten Krokodilschwanzechsen vor. Dabei zeigten die in diversen Museen hinterlegten Belegexemplare aus China, von denen der genaue Fundort allerdings nicht ermittelt werden konnte, eine weitgehende Übereinstimmung hinsichtlich der Färbung und der Beschuppung mit den aus Vietnam stammenden Tieren. Lediglich der Durchschnittswert der Anzahl der Schuppen unterhalb der vierten Zehe zeigte leicht abweichende Werte. Die chinesischen Tiere wiesen hier durchschnittlich 21,7 Lamellen (+/- 1,8) auf, die vietnamesischen Exemplare dagegen durschnittlich 25,2 Lamellen (+/- 1,1). Aufgrund der hohen genetischen Übereinstimmungen der Tiere aus China und Vietnam rechtfertigt diese leichte Divergenz jedoch keine taxonomische Trennung dieser Populationen (Ziegler et al. 2008).

Krokodilschwanzechse aus Vietnam
Foto: T. Ziegler

Zoogeografische Zusammenhänge

ZIEGLER et al. (2008) zeigen in ihrer Arbeit auf, dass zwischen dem Süden Chinas und der nordöstlichen Region Vietnams engere zoogeografische Zusammenhänge bestehen als bisher vermutet wurde. Sowohl Untersuchungen der Anurenfauna als auch ein Vergleich der Echsenfauna lassen diesen Schluss zu. Neben dem Fund der Vipernart *Protobothrops cornutus* in beiden Regionen (ZIEGLER & HERMANN 2002) bestätigt letztendlich auch der Fund von *Shinisaurus crocodilurus* in Vietnam diese Verbindung. Auch hinsichtlich der Flora lassen neuere wissenschaftliche Untersuchungen (ZHU et al. 2003) den Schluss zu, dass es mehr Übereinstimmungen zwischen den Gebieten Nordvietnams und Südchinas gibt, als bisher angenommen wurde. Von daher besteht vielleicht sogar die Hoffnung, dass noch weitere Vorkommen der Krokodilschwanzechse entdeckt werden.

Lebensweise in der Natur

Habitat

Habitatwahl und Lebensweise der Krokodilschwanzechsen sind eng an die Verhältnisse des ursprünglichen Primärlebensraumes („broadleaf forest") gebunden.

Der Lebensraum der Krokodilschwanzechse in China wurde in der älteren Literatur (ZHAO et al. 1999) bisher lediglich grob und in der terraristischen Literatur dann zum Teil wohl übersetzungsbedingt nicht ganz zutreffend beschrieben. Demzufolge bewohnen die Echsen langsam fließende Bergflüsse oder Tümpel mit dichtem Bewuchs an den Uferrändern und über dem Wasserkörper („densely vegetated and slow running mountain streams or ponds"). Mittlerweile liegen aber genauere Erkenntnisse hinsichtlich des bevorzugten Lebensraums der Krokodilschwanzechsen vor.

Lebensraum von Shinisaurus crocodilurus **im Daguishan Nature Reserve, China**
Foto: G. Stelzner/M. Zollweg

Im Sommer 2005 haben chinesische Wissenschaftler im Luokeng Nature Reserve Untersuchungen in 36 Habitaten von *Shinisaurus* innerhalb des Schutzgebietes durchgeführt (NING et al. 2006). Ziel war es, übereinstimmende Habitatmerkmale zu bestimmen und festzustellen, welche Aufenthaltsorte von den Krokodilschwanzechsen im Laufe ihrer jahreszeitlich bedingten Hauptaktivitätszeit bevorzugt werden.

Das Vorhandensein fließender Gewässer nahm eine herausragende Stellung bei den Habitatbeschreibungen ein und stellt die wichtigste Voraussetzung für ein Vorkommen von *S. crocodilurus* dar – ohne fließendes Wasser keine Krokodilschwanzechsen.

Die in Übersetzungen älterer Literaturquellen erwähnten stehenden Gewässer (Teiche, Tümpel) zählen nach diesen und eigenen Beobachtungen in den Lebensräumen im chinesischen Daguishan Nature Reserve nicht zum bevorzugten Aufenthaltsort der Echsen.

Zunächst wurde bei der genannten Untersuchung die Vegetation in die Zonen immergrüner Laubwald („evergreen broadleaf forest"), Bambushaine („bambus grove") und

Plantagen („conifer broadleaf forest") eingeteilt. Anschließend wurden weitere Habitatmerkmale festgelegt, wie beispielsweise der Deckungsgrad der Vegetation (Bestimmung des Bodenanteils, der von den oberirdischen Vegetationskörpern der einzelnen Arten bedeckt wird), der Zustand der Uferbepflanzung (abgestorbenes Astwerk oder lebende Pflanzen), die Entfernung des Fundortes zum Wasserkörper, die Ausmaße des Habitats bzw. die Größe des speziellen Wasserkörpers im Fundbereich der Echsen, Bodengrundbeschaffenheit, Fließrichtung und -geschwindigkeit, Neigung der Uferböschung, Wassertiefe und Entfernung zu menschlichen Störquellen.

Nach Abschluss der Feldstudie und Auswertung der gewonnenen Daten ließen sich einige wenige ökologische Faktoren feststellen, die das bevorzugte Habitat von *Shinisaurus* bestimmen. Zunächst ist festzuhalten, dass natürliche Staubereiche fließender Gewässer, in denen eine leichte Strömung herrscht, innerhalb der Vegetationszone des immergrünen Laubwalds als Aufenthaltsort gegenüber ähnlichen Habitaten im Plantagenbereich oder im Bereich der Bambusvegetationszone von den Echsen eindeutig bevorzugt werden.

Habitat im Daguishan Nature Reserve, China
Foto: G. Stelzner/M. Zollweg

Bestimmende Faktoren für den bevorzugten Aufenthaltsort sind gemäß Ning et al. (2006) weiterhin:

- Länge und Breite der natürlichen Staubereiche von Fließgewässern
- geringe Entfernung zum Wasserkörper
- Fließgeschwindigkeit des Wassers
- Höhe der Sitzplätze (Äste, Pflanzen) über dem Wasserkörper
- Durchmesser der als Sitzfläche dienenden Äste
- Distanz zu menschlichen Störquellen
- Deckungsgrad der Vegetation

Merkmale wie Wassertiefe oder Bodengrundbeschaffenheit spielten der Untersuchung zufolge keine entscheidende Rolle. Der Erstautor dieses Buches konnte bei einem Besuch der Lebensräume feststellen, dass die Fließgewässer, in und an denen sich die Krokodilschwanzechsen aufhielten, oftmals nur wenige Zentimeter tief waren. Andererseits wurden natürliche Staubereiche dieser Gewässer mit entsprechend tieferem Wasser jeweils immer nur von einem adulten Exemplar der Echsen bewohnt. Auch bestätigte sich durch die vor Ort gewonnenen Erkenntnisse des Erstautors, dass das Vorhandensein einer dichten Vegetation am und über dem Wasserkörper für das Vorhandensein der Krokodilschwanzechsen eine entscheidende Rolle spielt.

So waren Bäche, die über ausgedehnte Kiesflächen verfügen, in den besuchten Gebieten in China „*shinisaurus*-frei" (Zollweg 2011a, b; 2012).

Bäche mit ausgedehnter Kiesflächen gehören nicht zum Lebensraum der Echsen
Foto: G. Stelzner/M. Zollweg

Demnach weist ein bevorzugtes *Shinisaurus*-Habitat folgende Merkmale auf:

- natürliche Staubereiche fließender Gewässer
- langsame Fließgeschwindigkeit innerhalb der Staubereiche
- durchschnittliche Breite und Länge zwischen 100 und 200 cm
- eine durchschnittliche Bepflanzungshöhe über dem Wasserkörper von 50–100 cm
- der durchschnittliche Durchmesser des als Sitzfläche dienenden Astes über dem Wasserkörper ist geringer als 1 cm
- die bevorzugte Entfernung zu menschlichen Störquellen ist größer als 500 m
- der Deckungsgrad der Vegetation ist höher als 60 %; die Tiere halten sich dann unmittelbar im oder über dem Wasserkörper auf

Für die vietnamesische Population der Krokodilschwanzechse liegt noch keine derart detaillierte Untersuchung vor. Die bisherigen Erkenntnisse zeigen aber vergleichbare Habitatmerkmale auf. Nach Ziegler et al. (2008) wurden die Tiere ruhend im Ufergeäst und auf Steinen im Wasserkörper langsam fließender Bäche aufgefunden.

Verhalten in der Natur

Krokodilschwanzechsen sind tagaktive Tiere. Nachts schlafen sie angeschmiegt an Ästen oder Steinen im Wasser oder auf Ästen über der Wasseroberfläche. Sie sind wenig mobil und verbringen tagsüber viel Zeit damit, bewegungslos im Wasser zu liegen oder auf Ästen bzw. der Vegetation über dem Wasserkörper zu ruhen. Bei Störungen erfolgt dann eine fast schon als panikartig zu bezeichnende Flucht, die bei Jungtieren besonders hektisch ausfällt. Dabei stürzen sich die Tiere ins Wasser, wo sie sofort beginnen, mit allen vier Extremitäten aufgeregte Paddelbewegungen auszuführen. Nach kurzer Zeit gehen diese Bewegungen in ein Gleiten mit angelegten Vorderextremitäten unter Einsatz gleichmäßiger Ruderbewegungen des Schwanzes über.

Oftmals verweilen die Tiere aber auch für mehrere Minuten unterhalb der Wasseroberfläche. Nach Quyet & Ziegler (2003) kann dies bis zu 15 Minuten dauern. Zhao et al. (1999) geben an, dass adulte Krokodilschwanzechsen zwischen 15 und 20 Minuten, Jungtiere nicht länger als 5 Minuten unter Wasser verbleiben.

Juvenile Krokodilschwanzechse im natürlichen Biotop
Foto: G. Stelzner/M. Zollweg

Bei nächtlichen Begehungen der Habitate in China konnte der Erstautor (Zollweg) beobachten, dass die auf Ästen ruhenden Krokodilschwanzechsen erstaunlich gelassen auf Störungen reagieren und dabei eine Fluchtdistanz von oft nur wenigen Zentimetern aufweisen, bevor sie sich in bekannter Art ins Wasser stürzen.

Zhang (2006) hat erstmals den täglichen Aktivitätsrhythmus adulter und juveniler Tiere beschrieben. Dabei wurden die über den Tagesverlauf gezeigten Aktivitäten über mehrere Monate beobachtet und in unterschiedliche Kategorien unterteilt. Gleichzeitig wurde die prozentuale Gewichtung der Aktivitäten ermittelt. Die Auswertung der Beobachtungen ergab, dass das von adulten *Shinisaurus* über den Tag gezeigte Verhalten von der jeweiligen Jahreszeit abhängig ist und erheblich variiert.

In den Sommermonaten Mai bis August verweilten adulte *Shinisaurus* zu fast 70 % des Tages standorttreu auf ihren Beobachtungs- und Ruhesitzen über dem Wasserspiegel. Eigenen Beobachtungen zufolge trocknet dabei die Haut der Echsen regelmäßig vollständig ab, was wiederum auf eine entsprechend lange Verweildauer auf einem einmal gewählten Ruhesitz schließen lässt.

Einen weiteren großen Teil des Tages (28,5 %) verbrachten die untersuchten Tiere in ihren Verstecken. Die restlichen Aktivitäten wie Jagen, sich Sonnen und Wechsel des Aufenthaltsortes schlagen jeweils mit einem Anteil von unter 1 % zu Buche.

Typische Schwimmbewegung
Foto: G. Stelzner/M. Zollweg

Für den Spätsommer/Frühherbst mit den Monaten September und Oktober ergaben die Beobachtungen ein verändertes Bild. Während die Phase des standorttreuen Verweilens auf Steinen im Wasser oder auf Ästen über dem Wasser lediglich nur noch ca. 18 % der Tagesaktivitäten ausmacht, erhöht sich die Bewegungsphase deutlich auf etwa 45 %, wovon rund 10 % auf den Aufenthalt im dichten Buschwerk fallen. Die Phase des Jagens, die schon in den Vormonaten unter einem Anteil von 1 % lag, verringerte sich in dieser Zeit auf 0,15 %.

Beim Tagesrhythmus juveniler Krokodilschwanzechsen im Sommermonat August fällt insbesondere auf, dass sie sich zu fast 50 % des Tages im dichten Buschwerk aufhalten. Der Anteil des Verweilens in Verstecken fällt bei ihnen mit fast 45 % ebenfalls sehr hoch aus.

Unabhängig von der exakten Genauigkeit der prozentualen Verteilung der Tagesaktivitäten lassen die Beobachtungen durchaus wichtige Grundtendenzen erkennen, die auch bei der Terrarienhaltung der Tiere hilfreich sind.

Jahresrhythmus

Krokodilschwanzechsen überwintern an den chinesischen Fundorten etwa von Mitte/Ende Oktober bis Anfang April (Hu et al. 1984; Zhang 2006; persönl. Mittlg. Z. Wu). Dies gilt auch für die trächtigen Weibchen (Zhang 2006). Die Tiere suchen hierfür natürliche Erdhöhlen an Land oder bodennahe Höhlen in Baumstämmen auf. In lediglich einem Fall konnte ein Tier während der Kälteperiode im Wasser aufgefunden werden (persönl. Mittlg. Z. Wu). Dies scheint nach Meinung chinesischer Biologen (Z. Wu, pers. Mittlg.) jedoch eindeutig die Ausnahme zu sein. Das betroffene Tier wurde im Januar schlafend im Wasser entdeckt, aber aufgrund der niedrigen Temperaturen aus dem Wasser entnommen und in eine Erdhöhle gebracht, wo es auch verblieb.

Nach Hu et al. (1984) beginnen adulte *Shinisaurus* bei Temperaturen von ca. 9 °C die Überwinterung, während juvenile Tiere dies bereits bei etwa 11 °C tun. Dauerhafte Temperaturen von 15–18 °C führen zum Erwachen der Echsen aus der Winterruhe. Nach eigenen Erfahrungen sowie neueren Erkenntnissen zur Überwinterung von *Shinisaurus* in Menschenobhut aus China (mündl. Mittlg. Z. Wu) können diese niedrigen Temperaturen, die letztlich zur Einleitung der Winterruhe führen sollen, nicht ganz bestätigt werden. So konnte einerseits festgestellt werden, dass die Tiere schon ab dauerhaften Temperaturen von 17–18 °C ihre Aktivitäten einschränken und sich teilweise bereits im Terrarium in feuchtem *Sphagnum*-Moos verkriechen und danach keinerlei Aktivitäten mehr zeigen. Andererseits haben kurzfristig niedrige Temperaturen innerhalb der täglichen Temperaturschwankungsbreite keine Auswirkungen auf die allgemeine Gesamtaktivität. Steigen die Temperaturen beispielsweise im

Äste über dem Wasserspiegel werden als Ruheplatz bevorzugt
Foto: G. Stelzner/M. Zollweg

Trächtiges Weibchen im natürlichen Lebensraum in China kurz nach Beendigung der Winterruhe
Foto: G. Stelzner/M. Zollweg

Laufe der folgenden Tage noch mal kräftig an, fressen die Tiere selbst bei Abend- und Nachttemperaturen um 12 °C noch rclativ normal. Wichtig scheint, dass den Tieren zur Einleitung der Winterruhe über einen längeren Zeitraum eine deutliche Temperaturabsenkung im Tagesverlauf geboten wird.

Laut Zhang (2006) werden in den chinesischen Populationen der Krokodilschwanzechse unmittelbar nach Beendigung der Winterruhe Ende April/ Anfang Mai die Jungen geboren. In den Monaten Juni bis August schließt sich dann die Paarungszeit an.

Informationen zur Überwinterung und zum Lebensrhythmus der Krokodilschwanzechsen in Vietnam liegen nicht vor. Jungtiere, die in einer Zuchtstation in Nordvietnam (Hanoi) unter vergleichbaren klimatischen Verhältnissen zum Vorkommen im Yen-Tu-Gebiet gehalten werden, überwintern jedenfalls nicht (mündl. Mittlg. T. Ziegler).

Nahrungspalette

Ziegler et al. (2008) fanden im Magen-Darm-Bereich von Krokodilschwanzechsen aus Vietnam Reste von terrestrischen und aquatisch lebenden Gliederfüßern (undefinierte Insekten, Spinnen und Krustentiere). Daneben ließen Erdrückstände im Darm darauf schließen, dass regenwurmartige wirbellose Futtertiere gefressen wurden. Auch gelang der Nachweis von krebsscherenartigen Rückständen sowie einer Legeröhre einer Heuschrecke und eines beflügelten Insekts (*Pterygota*) im Darmbereich einzelner Krokodilschwanzechsen.

Als Nahrung chinesischer Krokodilschwanzechsen werden Würmer, Schaben, Käfer, Kaulquappen, Frösche und kleine Echsen angegeben (mündl. Mittlg. Z. Wu). Zhang (2006) berichtet, dass auch Fische – Schmerlen der Art *Misgurnus anguillicaudatus* – zur Nahrungspalette gehören. In einigen chinesischen Populationen von *S. crocodilurus* gehören auch Süßwassergarnelen, die selbst in Bachläufen, die nur wenige Zentimeter tief sind, recht häufig vorkommen, zum Beutespektrum (mündl. Mittlg. Z. Wu; Zollweg 2011b).

In der Natur ernährt sich *S. crocodillurus* von terrestrischen und aquatisch lebenden Gliedertieren
Foto: G. Stelzner/M. Zollweg

Lebenserwartung

Zur Lebenserwartung der Krokodilschwanzechse finden sich kaum Hinweise in der Literatur. Nach WÖLFEL (2003) schätzen einige Halter das Alter ihrer Tiere zwischen 15 und 20 Jahre ein. Bei uns selbst leben zwei Nachzuchttiere aus dem Jahr 1997, und im Zoo Rotterdam befinden sich Tiere, die laut Dokumentation 26 Jahre alt sind (mündl. Mittlg. HENK ZWARTEPOORTE). Daraus lässt sich schließen, dass es sich bei *Shinisaurus* um vergleichsweise langlebige Echsen handelt.

Angaben zur Lebensdauer im Freiland liegen demgegenüber noch nicht vor.

Grundlagen der Terrarienhaltung

Krokodilschwanzechsen sind sehr gut im Terrarium zu halten, wenn man einige wichtige Dinge beachtet. So sind Wasser, frische Luft und relativ moderate Temperaturen sowie eine abwechslungsreiche, artgerechte Ernährung wichtige Grundlagen für eine erfolgreiche Haltung. Das Terrarium zur Unterbringung dieser faszinierenden Echsen sowie die notwendige Technik müssen auf die speziellen Ansprüche der Art hin konzipiert werden.

Terrarium zur Pflege von Krokodilschwanzechsen mit Wasserteil, Kletterast, Sonnenplatz und Bepflanzung
Foto: G. Stelzner/M. Zollweg

Terrariengröße, Einrichtung und Technik

Folgt man den „Mindestanforderungen an die Haltung von Reptilien", die das damalige Bundesministerium für Ernährung, Landwirtschaft und Forsten im Jahr 1997 herausgegeben hat, errechnet sich die Mindestbehältergröße für ein Paar *Shinisaurus crocodilurus* nach folgender Formel: 6 × 4 × 3 multipliziert mit der Kopf-Rumpf-Länge (KRL) Länge des größten Tieres. Bei einer Kopf-Rumpf-Länge von ca. 15 cm entspräche dies einem Terrarium mit den Maßen 90 × 60 × 45 cm (Länge × Breite × Höhe). Für jedes weitere Exemplar sind 15 % der Terrariengröße hinzuzurechnen. Nach Erfahrungen der Autoren sind die angegebenen Maße im Hinblick auf die Grundfläche ausreichend. Die Angaben zur Höhe der Terrarien sind jedoch zu gering. Krokodilschwanzechsen halten sich gerne in den Bereichen über dem Wasserspiegel auf. Berücksichtigt man die Beobachtungen, die in den Vorkommensgebieten in China gemacht werden konnten, sollte die Terrarienhöhe für ausgewachsene Echsen nicht weniger als 60 cm betragen. Terrarienhöhen von bis etwa 120 cm sind immer zu bevorzugen.

Bei der Auswahl des Terrariums hat man grundsätzlich mehrere Möglichkeiten. So kann man sich durchaus ein fertiges Standardmodell aus dem Fachhandel zulegen, das dann allerdings noch ein wenig modifiziert werden muss, um die speziellen Anforderungen der Krokodilschwanzechsen hinsichtlich der Frischluftzufuhr zu erfüllen. Alternativ kann man das Terrarium auch selbst bauen oder sich von einem Fachmann nach seinen speziellen Wünschen anfertigen lassen.

Welches Material letztendlich für ein *Shinisaurus*-Terrarium verwendet wird, ist eine zweitrangige Frage. Zu bedenken ist jedoch, dass das Element „Wasser" eine entscheidende Rolle bei der Haltung dieser Echsen spielt. Von daher ist auf entsprechend wasserbeständiges Material zu achten. Neben Glas und Kunststoff kommen etwa auch Holzkonstruktionen in Verbindung mit Folienabdichtungen in Betracht.

Terrarium für Krokodilschwanzechsen
Foto: G. Stelzner/M. Zollweg

Krokodilschwanzechsen sind faszinierende Terrarientiere
Foto: G. Stelzner/M. Zollweg

Wichtiger als das Baumaterial ist vielmehr das Vorhandensein eines guten Be- und Entlüftungskreislaufes im Terrarium. Krokodilschwanzechsen fühlen sich in Terrarien, in denen eine ständig hohe Luftfeuchtigkeit verbunden mit stauiger, warmer Atmosphäre herrscht, nicht wohl. Solche Haltungsbedingungen können zu ernsthaften Gesundheitsproblemen, insbesondere bei Jungtieren, führen. Verwendet man zur Haltung von Krokodilschwanzechsen fertige Standardterrarien, so erfolgt die Belüftung hier meistens über je einen schmalen Gaze- oder Lochblechstreifen unter den Frontscheiben sowie in der Deckscheibe des Terrariums. Die Luft soll hier so zirkulieren, dass beständig warme Luft durch das Dach abgeführt und frische, kühle Luft durch die Frontbelüftung in das Terrarium nachfließt. Es bietet sich hier an, die entsprechende Lochblech- oder Gazefläche durch grobmaschigere Materialien zu ersetzen (etwa feiner Maschendraht anstelle von Gaze) oder zu verändern (etwa durch zusätzliche Bohrungen im Lochblech), damit eine verstärkte Luftzirkulation erreicht wird. Bei selbst gebauten Terrarien kann von vornherein auf entsprechend große Belüftungsflächen geachtet werden. Ebenso kann man den Einbau eines Terrarienventilators planen.

An die weitere grundlegende technische Mindestausstattung des Terrariums stellen Krokodilschwanzechsen keine hohen Ansprüche. Eine flächendeckende Beheizung der Behälter ist bei einer Haltung bei Zimmertemperatur nicht notwendig. Es sollte lediglich ein Spotstrahler über einem der Ruheplätze vorgesehen werden, der im Strahlungsbereich für lokale Wärme von ca. 32 °C sorgt, bei einer Umgebungstemperatur am Tag zwischen 20 und 24 °C. Der Strahler ist dabei selbstverständlich so im Terrarium zu installieren, dass Verbrennungen der Tiere ausgeschlossen sind, also entweder außerhalb des Terrariums über dem Belüftungsbereich des Terrariumdeckels oder innerhalb des Terrariums unter Verwendung entsprechender Schutzmechanismen (Gitterkorb) oder für die Tiere unerreichbar.

Zur Grundausleuchtung des Terrariums reichen Leuchtstoffröhren in der entsprechenden Länge des Terrariums aus. Der Einsatz von zusätzlichen Lampen mit entsprechendem UV-A-/UV-B-Anteil ist empfehlenswert.Krokodilschwanzechsen suchen bei einem der Autoren bevorzugt die Bereiche im Terrarium auf, die vom Strahlungsbereich handelsüblicher und herstellergemäß im Terrarium angebrachter Leuchten (etwa „Repti Sun" oder „Repti Glo") erfasst werden. Regelmäßig entfalten diese Lampen ihre Wirkung am besten, wenn ein Abstand von 20–40 cm zum Tier eingehalten wird.

Das Terrarium für Krokodilschwanzechsen sollte idealerweise an einem ruhigen Standort aufgestellt werden, um die Tiere keinem Dauerstress auszusetzen. Eine direkte Sonneneinstrahlung ist wegen der möglichen Überhitzungsgefahr zu vermeiden.

Bei der Gestaltung des Terrariums ist unbedingt auf einen ausreichend großen Wasserteil zu achten, der mindestens drei Viertel der Terrariengrundfläche einnehmen sollte. Dabei ist es unerheblich, ob dies durch Einbringen einer entsprechend großen Wanne geschieht oder das Terrarium selbst im Bodenbereich gänzlich geflutet wird. Um eine eventuelle Bepflanzung zu ermöglichen, kann man eine oder zwei Terrarienecken durch das Einkleben von Trennscheiben als kleinen Landteil einrichten, in den dann etwa feuchtes Moos als Bodengrund eingebracht wird. Die Höhe des Wasserstandes ist dabei nicht von entscheidender Bedeutung. Berücksichtigt man jedoch die im natürlichen Lebensraum festgestellten Verhältnisse, so sollte der Wasserstand zwischen 5 und 25 cm betragen. Höhere Wasserstände sind möglich, entsprechen aber nicht den Verhältnissen in den natürlichen Habitaten der Tiere.

Einige Pfleger von Krokodilschwanzechsen halten die Echsen in Paludarien mit Wasserständen über 50 cm. Dabei ist der Wasserteil mit Zierfischen besetzt und im Prinzip wie ein Aquarium gestaltet und bepflanzt. Hier konnte der Erstautor beobachten, dass Krokodilschwanzechsen im tieferen Wasser durchaus zurechtkommen. Sie tauchen teilweise bis auf den Grund des Beckens und ruhen im tiefen Wasser einige Minuten. Den Bedingungen in den natürlichen Lebensräumen entspricht dies, basierend auf eigenen Beobachtungen des Erstautors, jedoch nicht. Die Wassertiefe der bewohnten Habitate etwa in China liegt, mit wenigen Ausnahmen, regelmäßig bei durchschnittlich etwa 10 cm,

Ein Wasserwechsel ist selbstverständlich regelmäßig – etwa alle zwei Wochen – durchzuführen. Dabei kann das Wasser mit einem Schlauch aus dem Becken gesaugt und dann durch handtemperiertes Frischwasser ersetzt werden. Der Einbau eines Abflusses im Bodenbereich des Terrariums ist hilfreich, aber bei Anwendung der Schlauchmethode nicht unbedingt erforderlich. Bringt man Bodengrund (etwa Aquarienkies) in den Wasserteil ein, auf den aber besser aus hygienischen Gründen verzichtet werden sollte, ist dieser regelmäßig auszutauschen oder zu reinigen. Der Einbau einer Filteranlage oder zumindest die Installation einer kleinen Pumpe ist empfehlenswert, allein schon, um eine gewisse Wasserbewegung zu erzielen, die wiederum zu den charakteristischen Merkmalen der Lebensräume der Echsen in freier Natur gehört. Krokodilschwanzechsen kommen nicht in stehenden Gewässern vor. Der Einbau einer Filteranlage ersetzt aber nicht den regelmäßigen Wasserwechsel.

Je nach Halter bestehen durchaus weitere zusätzliche Präferenzen hinsichtlich technischer und gestalterischer Elemente für ein *Shinisaurus*-Terrarium, z. B. die Verwendung von UV-Licht, Filtertechnik für den Wasserteil, Inneneinrichtung etc.

Bevor im Folgenden aus unserer Sicht auf einige dieser Punkte detailliert eingegangen wird, noch ein besonders hervorzuhebender Einrichtungshinweis, der sich, auch angesichts der Beobachtungen vor Ort, als äußerst wichtig für die artgerechte Haltung erwiesen hat: Krokodilschwanzechsen klettern gut und halten sich bevorzugt in Pflanzen, Ästen oder Gestrüpp über dem Wasserkörper

Den Großteil des Tages verbringen die Tiere ruhend über dem Wasser
Foto: G. Stelzner/M. Zollweg

kleiner Bäche auf (Zollweg 2011b). Hier sitzen sie stunden- und oft tagelang an ein und derselben Stelle. Dabei trocknet die Haut der Tiere vollständig ab. Dies sollte bei der Einrichtung eines Terrariums für diese Echsen immer berücksichtigt werden. Dazu sind am besten einige unterschiedlich dicke (0,5–1,5 cm) Äste (z. B. Weide, Haselnuss) so in das Terrarium einzubringen, dass die Echsen die Möglichkeit haben, auch die oberen Regionen aufzusuchen und sich dort in ihre bevorzugten Ruhepositionen zu begeben. So kann man etwa die Äste von einer unteren Ecke in die gegenüberliegende obere Ecke im Terrarium reichen lassen. Durch das Einbringen schnell wachsender Pflanzen (hier hat sich *Scindapsus* bewährt) oder das Anbringen von künstlichen Pflanzen (z. B. Rankpflanzenimitate, wie sie von verschiedenen Anbietern im Programm geführt werden) können zusätzlich Versteckplätze und Kletterhilfen für die Tiere geschaffen werden. Bei der Installation von Leuchtkörpern oder Spotstrahlern ist besonders darauf zu achten, dass ein genügend großer Abstand zum Tier eingehalten wird, um Verbrennungen vorzubeugen. Das Einhalten eines Mindestabstandes zwischen Spotstrahler und Leuchten gilt selbstverständlich auch für Pflanzen und Pflanzenimitate.

Haltungsbeispiel I

Beim Erstautor (Zollweg) bestehen bis auf eine Ausnahme (Aluminiumaufsatz auf Glasbecken) alle Terrarien aus mit Silikon verklebten Glasscheiben. Die Größe der Becken reicht von 100 × 60 × 60 cm (L × B × H) für die paarweise Haltung bis 250 × 70 × 60 cm für die Unterbringung einer Gruppe von fünf Tieren (zwei Männchen, drei Weibchen). Insgesamt sind in acht Terrarien 25 Tiere untergebracht.

Die bereits genannten Vorgaben der Mindestanforderungen an die Terrariengröße werden dabei zum Teil deutlich überschritten, was im Zusammenhang mit der geringen Bewegungsaktivität der Krokodilschwanzechsen zunächst verwundern mag. Es erscheint jedoch aufgrund der Stressanfälligkeit der Tiere geboten, bei der Terrariengröße über die Mindestmaße hinauszugehen, um den Echsen ausreichend Rückzugsmöglichkeiten einräumen zu können.

Alle Terrarien sind – soweit es sich um Standardterrarien handelt – im Hinblick auf die Durchlüftungsvorrichtungen wie oben beschrieben modifiziert. Die selbst gebauten Terrarien verfügen alle über große Belüftungsflächen im Dach, die mindestens die Hälfte der Grundfläche einnehmen.

Terrarien für Krokodilschwanzechsen müssen über ein ausreichend großen Wasserteil verfügen
Foto: G. Stelzner/M. Zollweg

Bei allen Terrarien wurden die Rückwände sowie teilweise auch die Seitenwände mit Korkplatten verkleidet.

Auf einen separaten Landteil wurde mit Ausnahme zweier Behälter komplett verzichtet. Im Fall der eingebrachten Landteile befinden sich diese in den hinteren Ecken und sind durch eingeklebte Glasscheiben vom Wasserteil abgetrennt. Als Bodengrund für den Landteil wurde *Sphagnum*-Moos gewählt, das regelmäßig feucht, aber nicht nass gehalten wird.

In den anderen Terrarien sind flache Steine, Korkröhren, -stücke und Wurzeln so angeordnet, dass sie teilweise aus dem Wasser ragen und so trockene Bereiche bilden. Einzelne große Korkstücke sind dabei schräg an die Seitenteile des Terrariums gelehnt und reichen vertikal bis unter das Terrariendach.

Die Terrarien sind mit *Scindapsus* bepflanzt, der entweder von am Terrariendach befestigten Ampeln herunterhängt oder in Töpfen auf Steinplatten platziert wurde. Im Laufe der Zeit bilden sich durch das schnelle Wachstum der *Scindapsus*-Ranken ganze Pflanzenteppiche. Zusätzlich sind künstliche Rankpflanzen im und über dem Wasserteil angebracht. Die Krokodilschwanzechsen nutzen diese genauso wie die echten Pflanzen als Ruhegelegenheiten im Wasser oder als Versteckmöglichkeit.

In allen Terrarien befindet sich aus hygienischen Gründen kein Bodengrund im Wasserteil.

Je nach Terrariengröße und dem zur Verfügung stehenden Raum sind über dem Wasserteil horizontal über die gesamte Länge jedes Behälters Baumstämme oder Äste mit einem Durchmesser zwischen 1 cm und 12 cm angebracht, die den Echsen als trockene Sitz- und Ruheplätze über dem Wasserkörper dienen. Entsprechend ihrem Verhalten in der Natur nutzen die Tiere diese Plätze auch im Terrarium ausgiebig.

Der Wasserstand beträgt je nach Terrarium zwischen 8 und 25 cm. In jedem Becken kommt zur Reinigung des Wassers ein Außenfilter zum Einsatz. Dieser ist mit Filterwatte bestückt, die im Monatsrhythmus erneuert wird. Neben der reinen Filterfunktion kommt es durch den Einsatz dieser Geräte zu einer beständigen Wasserbewegung, was den natürlichen Bedingungen im Lebensraum der Krokodilschwanzechsen nahekommt. Die Einleitung des gefilterten Wassers erfolgt über einen sog. Diffusor oder über ein handelsübliches, mit Austrittslöchern versehenes Plastikrohr. Bei Letzterem muss bei der Installation im Wasserteil darauf geachtet werden, dass die Austrittslöcher nahezu horizontal zum Wasserspiegel aus-

Unter der Kunstsonne – UV-Lampe im Einsatz
Foto: G. Stelzner/M. Zollweg

Krokodilschwanzechsen sitzen stundenlang auf Ästen über dem Wasserteil
Foto: G. Stelzner/M. Zollweg

gerichtet werden, damit eine entsprechende Wasserbewegung erzielt wird. Dies ist insofern wichtig, da Krokodilschwanzechsen in ihrem natürlichen Lebensraum nie in stehenden Gewässern angetroffen werden.

Alle 14 Tage wird ein Wasserwechsel durchgeführt, bei dem etwa die Hälfte bis zwei Drittel des Wassers erneuert wird. Hierbei wird normales Leitungswasser verwendet (ph-Wert: 7,2; Härte: 12 GdH).

Beleuchtungsintensität und -dauer variieren in den Terrarien je nach Jahreszeit.

Vor und nach der Winterruhe, d. h. ab ungefähr Mitte September bzw. Mitte Januar, werden die Terrarien bis etwa Anfang Oktober bzw. Anfang März lediglich mit Leuchtstoffröhren oder Terrarienlampen auf LED-Basis beleuchtet. Zudem ist in allen Behältern je eine kleine UV-Lampe (etwa „Reptisun Compact 5.0" oder ein vergleichbares Produkt anderer Hersteller) mit einem Abstand von etwa 20–30 cm über jeweils einem der horizontal über dem Wasser gelegenen Äste installiert, die über den ganzen Zeitraum der Aktivitätsperiode der Tiere betrieben wird. Ab Anfang März bis Mitte September kommen dann in den Terrarien zusätzlich Spotstrahler zum Einsatz, die lokal für eine Wärme von ca. 32 °C sorgen. Ansonsten betragen die Werte in diesem Zeitraum am Tag 20–25 °C Luft- und 19–22 °C Wassertemperatur. Nachts, bei ausgeschaltetem Spotstrahler, kühlt sich die Umgebung um einige Grade ab.

Haltungsbeispiel II

Beim Zweitautor (Kühne) kommen Standardterrarien aus Glas mit den Maßen 100 × 60 × 60 cm (L × B × H) zum Einsatz. Sie beherbergen jeweils ein Paar oder eine Zuchtgruppe von einem Männchen und zwei Weibchen.

Die Lüftungsfläche befindet sich zum einen in einem Sockel unter den Schiebescheiben im Frontbereich des Terrariums. Zudem besteht ein Drittel des Terrariendeckels aus handelsüblicher Drahtgaze. Über diesem Bereich ist ein Spotstrahler von 50 Watt sowie eine handelsübliche Leuchtstoffröhre (Daylight, 90 cm, 30 W) angebracht.

Ein Viertel der Grundfläche des Terrariums nimmt eine eingeklebte Filterkammer in Anspruch, die eine kleine Pumpe sowie das Filtermaterial (Aquarienwatte) aufnimmt. Der Deckel der Filterkammer ist abnehmbar und dient als Landteil. Hierauf befinden sich auch einige Pflanzentöpfe (u. a. *Scindapsus*).

Als Bodengrund für den Wasserteil dient mittelfeiner Kies, der alle vier Wochen im Zuge eines Teilwasserwechsels gereinigt wird. Das Wasser wird nicht dem öffentlichen Wassernetz entnommen, sondern entstammt einem Brunnen mit Grundwasserverbindung. Dieses Brunnenwasser weist eine Gesamthärte von 0 GdH sowie einen ph-Wert im leicht sauren Bereich (pH-Wert 6,8) auf. Der Wasserstand beträgt rund 10 cm. Ein Teilwasserwechsel wird vierwöchentlich durchgeführt.

Eine größere Wurzel sowie mehrere Äste über dem Wasserteil vervollständigen die Einrichtung. Die Terrarien selbst stehen in einem unbeheizten, hellen Terrarienraum, in dem Pfleglinge untergebracht sind, die keine dauerhaft tropischen Verhältnisse benötigen. Die Terrarien werden in den Wintermonaten auch als Überwinterungsbehälter für die Tiere verwendet.

Die Tiere sind hier in Bezug auf Temperatur und Lichtverhältnisse einem natürlichen Tages- und Jahresrhythmus ausgesetzt und unterliegen dabei den Klima- und Temperaturschwankungen des Standortes Westerkappeln. Kältephasen im Sommer werden dabei durch den zum Einsatz kommenden Spotstrahler ausgeglichen. Dennoch können gerade auch die nächtlichen Temperaturen auf 10 °C absinken. Im Winter, bei ausgeschaltetem Spotstrahler, erfolgt gerade bei außen herrschenden Frosttemperaturen eine zusätzliche Beheizung des gesamten Terrarienraumes durch ein Heizgebläse, das die Temperaturen im Raum auf einen Wert von etwa 10 °C hält.

Freilandhaltung

Aufgrund der vergleichbaren klimatischen Verhältnisse, wie sie zumindest in den Lebensräumen der Krokodilschwanzechsen in China und im Sommer in Mitteleuropa herrschen, liegt es nahe, den Tieren in der warmen Jahreszeit einen Aufenthalt im Freien zu ermöglich. Bereits Mägdefrau & Schildger (1993) berichten über die sommerliche Haltung von Krokodilschwanzechsen in einem nicht abgeschirmten Gartenteich. Auch Wölfel (2003) und Rogner (2006) schildern eine vorübergehende Unterbringung von Tieren während der Sommermonate im Freiland in aufgestellten Kunststoffwannen oder in fluchtsicheren Teichen.

Großen Erfolg mit der Freilandhaltung von Krokodilschwanz-

In der warmen Jahreszeit ist auch eine Freilandhaltung möglich
Foto: G. Stelzner/M. Zollweg

echsen erzielte Langerwerf (2008), der rund 70 Exemplare ganzjährig auf seiner Reptilienfarm in Alabama, USA, hielt und vermehrte. Die frühbeetartigen Terrarien mit Betonwänden sowie aufklappbaren Holz- und Gazedeckeln waren denkbar spartanisch eingerichtet. Neben einer Wasserwanne aus Kunststoff beinhalteten die Terrarien einige Wurzeln und Rindenstücke bzw. Holzbretter, die den Tieren als Versteckmöglichkeiten dienten. Darüber hinaus waren im Bodenbereich Überwinterungsröhren eingebracht, die mit entsprechendem Substrat gefüllt waren und von den Tieren in den Wintermonaten aufgesucht wurden. Über die Winterzeit wurden die Terrarien mit Isolierfolie abgedeckt.

Mittlerweile werden Krokodilschwanzechsen in China und im Norden Vietnams in unmittelbarer Nähe zu ihren natürlichen Vorkommen in Zuchtstationen gehalten. Auf die Gestaltung dieser Terrarien und die Haltungsbedingungen wird im Kapitel „Artenschutz" detailliert eingegangen.

Der Erstautor hält seine Krokodilschwanzechsen ab Mai bis September an einzelnen Tagen bzw. für einige Wochen in großen Aquarien oder Kunststoffwannen, die im Garten aufgestellt werden. Dabei ist die Einrichtung sehr zweckmäßig und besteht nur aus einer Zierkorkröhre und einigen aus dem Wasser herausragenden Steinplatten. Ansonsten dient die gesamte Grundfläche als Wasserteil, wobei der Wasserstand je nach Becken 5–10 cm beträgt. Ein Bodengrund ist nicht eingebracht. Jeder Behälter ist zudem mit Maschendrahtgeflecht mit einer Maschengröße von 0,5 cm als Deckel abgedeckt, der die Behälter nach oben sowohl gegen das Entweichen der Echsen als auch gegen das Eindringen von ungewünschten Besuchern (Vögel, Katzen) schützt. Der Besatz entspricht der üblichen Zusammensetzung der Gruppen in den Zimmerterrarien.

Behälter für den Freiluftaufenthalt
Foto: G. Stelzner/M. Zollweg

Der Standort der Behälter ist halbschattig, sodass die Tiere zwar über mehrere Stunden die direkte Sonneneinstrahlung genießen können, jedoch nicht die Gefahr einer Überhitzung besteht. Das Wasser in den Behältern wird auch bei der Freilandhaltung regelmäßig ausgetauscht. Der Aufenthalt an der frischen Luft bekommt den Krokodilschwanzechsen regelmäßig sehr gut. Oft erfolgt nach Rückführung der Tiere in das Zimmerterrarium eine Paarung. Es konnte auch festgestellt werden, dass im Anschluss an den sommerlichen Freilandaufenthalt oftmals eine Häutung stattfindet.

Ernährung und Fütterung in menschlicher Obhut

Krokodilschwanzechsen sind auch im Terrarium keine Kostverächter, und das Spektrum der Futtertiere ist demgemäß recht groß. Es reicht von den üblichen Futtertieren wie Heimchen, Grillen und Wanderheuschrecken über nestjunge Mäusebabys (auch tiefgefroren im Fachhandel erhältlich, aber bitte aufgetaut verfüttern), Schaben, kleine Fische (Stinte) bis hin zu Tauwürmern. Letztere sind nach Literaturangaben (z. B. Rogner 2006; Wölfel 2003) als das am häufigsten gereichte und bei den Tieren beliebteste Futter anzusehen. Einige Halter ernähren ihre Krokodilschwanzechsen sogar ausschließlich mit Tauwürmern, die dann aber regelmäßig mit handelsüblichen Vitamin-Mineralstoff-Präparaten bestäubt werden sollten.

Die Art der Futterdarreichung ist letztendlich eine Zeitfrage. Wir bevorzugen ein-

Tauwürmer gehören zur bevorzugten Nahrung
Foto: G. Stelzner/M. Zollweg

deutig die individuelle Fütterung jedes einzelnen Tieres mittels einer Futterpinzette. So können die Futteraufnahme gezielt kontrolliert und Rangeleien oder Beißereien, wie sie im „Futterrausch“ geschehen können, verhindert werden. Zudem wird so ausgeschlossen, dass einzelne Exemplare möglicherweise kein Futter abbekommen. Aufgrund ihrer eher ruhigeren Lebensweise sollten die Tiere nur zwei bis drei Mal pro Woche gefüttert werden. Vor und unmittelbar nach der Winterruhe sollte weniger Futter gereicht werden, und etwa drei Wochen vor Beginn der Winterruhe soll die Fütterung ganz eingestellt werden.

Eingewöhnte Tiere nehmen auch Futterfische von der Pinzette
Foto: G. Stelzner/M. Zollweg

Selbst Mäusebabys werden gefressen
Foto: G. Stelzner/M. Zollweg

Anschaffung und Eingewöhnung

Shinisaurus crocodilurus sollten ausschließlich bei einem Züchter erworben werden. Entsprechende Adressen erhält man beispielsweise über Annoncen im Internet. Oftmals werden die Tiere auch auf Terraristikbörsen (Termine z. B. in der REPTILIA, siehe „Weitere Informationen") angeboten. In aller Regel erhält man so gesunde und futterfeste Nachzuchttiere, die bereits an das Terrarienklima gewöhnt sind. Ein weiterer wichtiger Vorteil ist, dass man mit dem Züchter im Notfall auch einen entsprechenden Ansprechpartner hat. Erwirbt man seine Krokodilschwanzechsen beispielsweise vor Ort bei einem Züchter, so kann man sich hier die Terrarienanlagen, in denen die Elterntiere untergebracht werden, ansehen, und erhält gleichzeitig einen Eindruck über die hier herrschenden hygienischen Verhältnisse.

Bei allen neu angeschafften Krokodilschwanzechsen sollte standardmäßig eine Untersuchung durch einen reptilienkundigen Veterinär (eine Liste ist auf der Homepage der DGHT unter www.dght.de einzusehen) und/oder eine Kotprobe durch ein entsprechendes Institut untersucht werden (siehe „Weitere Informationen"). Zudem sollte eine mehrwöchige Quarantäne bei allen neu angeschafften Tieren eingehalten werden, insbesondere dann, wenn Tiere in bestehende Gruppen integriert oder mit bereits gehaltenen Einzeltieren zusammengeführt werden sollen.

Während dieser „Beobachtungsphase" ist idealerweise ein „Zweit-Terrarium" vorzubereiten, das zwar nicht als „Schaubecken" eingerichtet werden muss, aber zumindest den bereits beschriebenen Mindestanforderungen (Größe, Wasserteil) entsprechen sollte. Auf eine Filterung des Wassers kann hier verzichtet werden, dafür sollte das Wasser jedoch etwa alle drei Tage ausgetauscht werden. Eine regelmäßige gründliche Reinigung des Behälters und eventuell der Einrichtung mit einem speziell für Terrarien entwickelten Reinigungsmittel ist ebenfalls angebracht.

Beim Erwerb von Jungtieren sollte darauf geachtet werden, dass die Tiere ein gewisses Mindestalter aufweisen, da sie oft erst im Alter von 2–4 Monaten gesundheitlich stabil sind und regelmäßig selbstständig ans Futter gehen.

Beim Erwerb der Echsen ist darauf zu achten, dass die Augen und die Bauchdecke nicht eingefallen sind. Die Hautoberfläche darf keine Pusteln oder weiße Stellen aufweisen, zwischen oder auf den Zehen

Auf Terraristikbörsen sind oftmals auch Nachzuchten von Krokodilschwanzechsen erhältlich
Foto: K. Kunz

dürfen sich keine Verdickungen oder weiße Stellen befinden, die auf einen Pilzbefall hindeuten können.

Ob Tiere ans Futter gehen, zeigt sich bisweilen erst nach einigen Tagen. Hungrige Krokodilschwanzechsen können zwar ziemlich gierige Fresser sein, die beispielsweise schon unmittelbar nach dem Erwerb in ihren Transportbehältern an dargebotene Tauwürmer gehen. Neu erworbene Krokodilschwanzechsen können sich jedoch auch dadurch auszeichnen, dass sie zunächst für einige Tage beharrlich kein Futter annehmen. Daher ist bei Verweigerung der Futterannahme ein Rückschluss auf eventuelle Gesundheitsmängel zunächst nicht möglich. Gesunde Tiere gehen jedoch nach einigen Tagen regelmäßig ans Futter. Sehr gute Erfolge wurden mit Tauwürmern oder Stücken von Tauwürmern (bei Jungtieren) gemacht, die im Quarantäneterrarium auf einen Stein oder ein Stück Zierkork gelegt werden und sich bewegen. Dabei sollte sich der Pfleger vom Terrarium entfernen und die Tiere aus der Distanz beobachten, ob gefressen wird. Die Präsenz des Pflegers vor der Terrarienscheibe oder das Hantieren im Terrarium empfinden die Krokodilschwanzechsen anfänglich als störend. Regelmäßig reizt die Bewegung des Futterwurms die Echse dazu, nach anfänglichem Zögern den Futterplatz aufzusuchen, das Futtertier zu begutachten und schließlich zu fressen. Ein individuelles Füttern von der Futterpinzette gelingt anfangs aus besagten Gründen möglicherweise nicht sofort. Hier gilt es, die Tiere nach und nach an diese Art der Fütterung zu gewöhnen.

Bei der Absicht, mehrere Krokodilschwanzechsen miteinander zu vergesellschaften, muss man auch immer mit einkalkulieren, dass Tiere u. U. untereinander unverträglich sind und dann getrennt werden müssen. Das Vorhandensein eines „Zweit-Terrariums“ ist daher also nicht nur wegen der durchzuführenden Quarantänephase unbedingt erforderlich.

Vergesellschaftung

Krokodilschwanzechsen können untereinander geschlechtsunabhängig äußerst aggressiv sein. Darauf wird an anderer Stelle noch genauer eingegangen. Besonders männliche Tiere zeigen gegenüber Geschlechtsgenossen oft starkes Aggressionsverhalten bis hin zum ständigen Verfolgen und Verbeißen des Nebenbuhlers. Auch Weibchen sind oft gegenüber Geschlechtsgenossinnen nicht gerade zimperlich. Einschränkend ist jedoch zu sagen, dass Krokodilschwanzechsen sehr individuell veranlagt sind. So ist eine gemischte Gruppenhaltung (etwa zwei Männchen mit drei Weibchen) in sehr großflächigen Terrarien schon einem der Autoren gelungen, aber auch nur, weil das Terrarium neben der Größe auch noch sehr strukturiert und mit vielen Versteckmöglichkeiten ausgestattet war. Grundsätzlich ist unter normalen Terrarienbedingungen von der Zusammenhaltung mehrerer männlicher Echsen unbedingt abzuraten. Die paarweise Haltung oder die Haltung von einem männlichen Tier mit ein oder zwei Weibchen ist unbedingt vorzuziehen. Eine Einzelhaltung der Tiere ist ebenfalls eine Alternative. Dabei werden Männchen und Weibchen nur für Paarungszwecke für einige Wochen zusammengeführt und danach wieder getrennt.

Von einer gemeinsamen Haltung von Krokodilschwanzechsen mit anderen Reptilien oder Amphibien ist generell abzuraten. Zwar haben einige Halter diesbezüglich wohl gute Erfahrungen gemacht (Wölfel 2003), dennoch ist zu bedenken, dass gerade kleine und mittlere Echsen und Frösche zum natürlichen Beutespektrum der Tiere gehören (mündl. Mittlg. Z. Wu). Eine Vergesellschaftung sollte unserer Meinung nach daher unterbleiben, auch unter dem Gesichtspunkt, dass durch eventuelle artfremde Mitbewohner zusätzlicher Stress auf die Krokodilschwanzechsen ausgeübt werden könnte.

Krokodilschwanzechsen sollten mit keinen anderen Tieren vergesellschaftet werden
Foto: G. Stelzner/M. Zollweg

Verhalten im Terrarium

Krokodilschwanzechsen zeigen auch unter Terrarienbedingungen ihr im Freiland zu beobachtendes Verhalten. Adulte Tiere verbringen viel Zeit am Tag damit, sich auf Liegeplätzen über dem Wasser oder auf Steinen, Wurzeln oder schwimmenden Pflanzenteppichen im Wasser „auszuruhen". Sie beobachten dabei ihre Umgebung oder dösen vor sich hin. Es kann durchaus passieren, dass sich ein Tier den ganzen Tag über nicht von seinem einmal gewählten Ruheplatz entfernt. Das bereits beschriebene panikartige Fluchtverhalten der Echsen, bei dem sie sich bei Störung vom Ast aus ins Wasser stürzen, wird auch im Terrarium gezeigt. Mit fortschreitender Haltungsdauer lässt sich jedoch bei vielen Individuen eine zunehmende Gelassenheit feststellen, und Tiere, deren Terrarium in einem belebten Wohnraum steht, verhalten sich gegenüber äußeren Störquellen nach und nach ziemlich gleichgültig. Oftmals verlassen sie dabei nicht einmal mehr ihren angestammten Platz im Terrarium. Es kommt aber auch immer ein wenig auf das Gemüt der einzelnen Tiere an, sodass sich diese Aussagen nicht verallgemeinern lassen.

Typische Ruhehaltung im Wasser
Foto: G. Stelzner/M. Zollweg

Fressverhalten

Jiang et al. (2009) stellten fest, dass sowohl die chemische Identifizierung durch gehäuftes „Bezüngeln" der Beute als auch insbesondere die visuelle Wahrnehmung der Beutetiere ausschlaggebend für das Auslösen des eigentlichen Jagdverhaltens ist. Die einzelnen Jagdphasen bestehen aus der Realisierungsphase, der Identifikationsphase und der Angriffsphase, die sich wiederum in eine Phase des Anschleichens sowie eine Zugriffs- bzw. Bissphase unterteilt. Im Terrarium – und hier insbesondere bei individueller Fütterung mittels einer Futterpinzette – zeigen die Krokodilschwanzechsen dieses Verhaltensmuster nicht mehr in so ausgeprägter Form.

Füttert man die Krokodilschwanzechsen im Terrarium individuell beispielsweise mittels Futterpinzette, so geschieht es bei der Gruppenhaltung häufig, dass sich die restlichen Gruppenmitglieder veranlasst sehen, zum Ort des Geschehens zu kommen, bevor das erste Tier sein Futter erhalten hat. Durch das Öffnen der Terrarienscheiben kommt es so häufig bereits vor der Fütterung zu einer Zusammenrottung der Tiere auf relativ engem Raum am üblichen Futterplatz. So kann es bei der Fütterung leicht zu den landläufig als „Futterneid" bezeichneten Verhaltensabläufen kommen. Dabei werden Futtertiere, die sich beispielsweise bereits im Maul eines Mitbewohners befinden, von einem anderen Tier als willkommene Beute ausgemacht. Im günstigsten Fall wird dabei das Futtertier von den beiden Echsen in zwei Teile gerissen – schlechter ist es, wenn anstelle des Beuteobjektes ein Körperteil des Mitbewohners als vermeintliches Beutetier herhalten muss. Hierdurch kann es passieren, dass dieses durch die Fütterung ausgelöste Verhalten eine ernsthafte Auseinandersetzung zwischen den beteiligten Tieren auslöst, in deren Verlauf es zu Verletzungen in Form von Hautwunden oder gar zum Verlust einer Gliedmaße kommen kann. Insofern ist während der Fütterung Vorsicht geboten.

Häufig ist bei dieser Form der Fütterung auch zu beobachten, dass sich einzelne Krokodilschwanzechsen mit dem Futtertier im Maul vom Fütterungsplatz entfernen und ruhigere Stellen im Terrarium aufsuchen, um hier die Beute in Ruhe zu verspeisen und sich so drohenden Auseinandersetzungen zu entziehen.

Der Fressvorgang wird regelmäßig mit einem Putzverhalten im Wasser beendet. Dabei wischen sich die Tiere abwechselnd mit einer der Vorderpfoten wechselseitig die Maulregion mehrmals schnell hintereinander ab. Während dieser Prozedur wird der Kopf regelmäßig bis zur Hälfte ins Wasser getaucht, sodass Futterrückstände oder hieran anhaftende Fremdkörper beseitigt werden.

Überraschenderweise konnte nur in Ausnahmefällen beobachtet werden, dass Futter unterhalb der Wasseroberfläche erbeutet wird. Hier stellen sich Krokodilschwanzechsen ausgesprochen ungeschickt an. Zwar versuchen sie, unter Wasser geratene Futtertiere wie z. B. Tauwürmer mit dem Maul zu schnappen, geben diesen Versuch aber regelmäßig ab einem Wasserstand von mehr als ca. 5 cm schnell auf. Auch beim Erbeuten lebender Fische konnten sie bisher nie beobachtet werden. Es bleibt daher zu klären, ob dieses Unvermögen der Tiere, unter Wasser Beute zu machen, auch bei Krokodilschwanzechsen in der Natur beobachtet werden kann. Dagegen spräche die Aussage, dass in China Fische und Süßwassergarnelen zum Beutespektrum der Art gehören (mündl. Mittlg. Z. Wu). Eigenen Beobachtungen des Erstautors (Zollweg 2011b) zufolge besteht jedoch im Freiland nicht die Notwendigkeit, Fische oder Garnelen durch große Tauchaktivitäten zu erjagen. Die wasserlebenden Futtertiere kommen in einigen der Lebensräume in extrem niedrigen, teilweise nur 2–3 cm tiefen Bachläufen vor. Ein Tauchen ist zum Erbeuten der Nahrung daher überhaupt nicht notwendig; die potenziellen Futtertiere können durch Zuschnappen bequem erbeutet werden.

Insbesondere in den Wintermonaten legen

Typische Ruhehaltung auf einem Baumstamm
Foto: G. Stelzner/M. Zollweg

Zuerst wird die Beute mit dem Blick fixiert, ...
Foto: G. Stelzner/M. Zollweg

... bevor sie anschließend mit den Kiefern gepackt wird
Foto: G. Stelzner/M. Zollweg

Krokodilschwanzechsen, falls sie nicht sowieso kühl überwintert werden, Fresspausen ein, die mehrere Wochen dauern können. Solche Fresspausen können auch in den Sommermonaten auftreten, etwa während des Freilandaufenthaltes bei relativ kühlen Temperaturen. Während der Aktivitätsperiode sind diese Futterpausen aber dennoch eher ungewöhnlich. Betroffene Tiere sollten dann genau beobachtet und im Zweifel einer tierärztlichen Untersuchung unterzogen werden.

Aggressions-/ Dominanzverhalten

Feldstudien in China haben zutage gebracht, dass Krokodilschwanzechsen insbesondere bei innerartlichen Begegnungen über eine Vielzahl unterschiedlicher Gesten und Verhaltensmuster verfügen (Yu et al. 2009). Dies spiegelt sich insbesondere in einem ausgeprägten Paarungs- und Balzverhalten wider, auf das später noch weiter eingegangen wird. Dabei spielen Kopfnicken und ein Aufblähen des Vorderkörpers sowohl bei der Paarung als auch beim Drohverhalten eine bestimmende Rolle. Das Kopfnicken, das im Zusammenhang mit dem Aggressionsverhalten gezeigt wird, unterscheidet sich leicht von dem beim Paarungsverhalten gezeigten Verhalten.

Dominante Tiere wählen im Terrarium oft eine exponierte Stelle, von der aus sie die Umgebung überblicken können. Dies kann ein hoch gelegener Platz wie z. B. ein Ast oder ein anderer „strategisch günstiger" Ort sein. Äste oder Korkrinden, die über dem Wasserteil angebracht sind, werden hierbei als Liegeplätze bevorzugt. Drohgebärden und Imponiergehabe zwischen Artgenossen, die mit dem Aufblähen der Kehle, dem Winden des Oberkörpers und dem Vorstrecken des

Halses beginnen, enden dann im schlimmsten Fall mit einer überfallartigen Attacke auf den Kontrahenten. Teilweise kann es dabei zu ernsten Auseinandersetzungen mit erheblichem Verletzungspotenzial kommen, wenn eines der beteiligten Tiere nicht nachgibt. Gewöhnlich beenden die Tiere ihre Anfeindungen aber bereits, sobald sich ein Tier dem beschriebenen „Einleitungsritual" schnell durch Flucht entzieht.

Vor einer möglichen Flucht des unterlegenen Tieres kommt es manchmal zu einem weiteren Dominanzverhalten des stärkeren Exemplars. Hierbei bewegt es sich mit aufgeblähter Kehle und aufgerichtetem Oberkörper um den Kontrahenten. Verharrt dieser dabei ruhig in einer Art Demutshaltung mit gesenktem Kopf und leicht geöffnetem Maul sowie einem wechselseitigen Anheben der Vorderextremitäten, kann es passieren, dass das drohende Tier unter Beibehaltung der beschriebenen Körpergebärden über ihn hinwegklettert. Über den weiteren Verlauf des Geschehens entscheiden jetzt kleinste Verhaltensmuster. Fühlt sich der Gegner zunächst etwa gleichstark, ist ein Verhalten zu beobachten, bei dem die Kontrahenten sich wechselseitig mit gezielten peitschenartigen Schwanzschlägen malträtieren und gegenseitig mit ihren Oberkörpern aneinanderschlagen. Beim Schwungholen kann dabei der gesamte Hinterkörper eingesetzt werden, und nicht selten verlieren die Tiere dabei die Balance.

Zwischen den Attacken wird immer wieder zu Bissen auf die Flanken des Gegenübers angesetzt, ohne dass jedoch in diesem Stadium der Auseinandersetzung bereits ernsthaft zugebissen wird. Der Kampf wird dann regelmäßig beendet, wenn sich das unterlegende Tier vom Platz des Geschehens entfernt. Dabei kann es aber auch noch vom dominanten Rivalen verfolgt werden, wenn es sich nicht weit und schnell genug aus dessen Sichtbereich entfernt oder seine Fluchtbewegung gar unterbricht.

Dieses Verhalten zeigen bereits Jungtiere einige Wochen nach der Geburt.

Abschließend soll noch ein weiteres Verhalten beschrieben werden, das Exemplare zeigen, die zunächst nicht an den zuvor geschilderten Auseinandersetzungen zweier Artgenossen beteiligt sind. Wir konnten beobachten, dass unbeteiligte Tiere sich aktiv in bilaterale Streitigkeiten „einmischen". Ob dabei die Streitigkeit selbst oder die Bewegungsaktivität, die hierdurch entsteht (Auslösen eines „Futterreflexes"), maßgeblich für dieses Verhalten ist, bleibt noch ungeklärt. Diese Beteiligung an der laufenden Auseinandersetzung kann dazu führen, dass sich nun entweder alle Tiere untereinander androhen, oder es kommt zum abrupten Ende der Streitigkeiten zwischen den beiden zuerst beteiligten Tieren.

Das Aggressions- und Dominanzverhalten der Krokodilschwanzechsen wird allerdings nicht immer bzw. nicht immer so offensichtlich gezeigt. Zudem tritt es geschlechtsunabhängig auf und kann bereits auf der untersten Stufe der Außenwahrnehmung, nämlich beim bloßen Auftreten eines Artgenossen, zu Verhaltensauffälligkeiten bei Mitbewohnern führen. Es ist daher wichtig, die Tiere ständig zu beobachten, um sie bei anhaltenden Verhaltensänderungen voneinander trennen zu können.

Drohverhalten: Aufreißen des Mauls
Foto: G. Stelzner/M. Zollweg

Drohverhalten: Aufblähen des Oberkörpers
Foto: G. Stelzner/M. Zollweg

Drohverhalten: Aufrichten des Oberkörpers
Foto: G. Stelzner/M. Zollweg

Selbst die Kleinen beherrschen bereits das Drohverhalten
Foto: G. Stelzner/M. Zollweg

Der Erstautor (Zollweg) hält seit mehreren Jahren eine Gruppe Krokodilschwanzechsen, bestehend aus zwei männlichen und drei weiblichen Tieren, in einem großen und gut strukturierten Terrarium zusammen. Die Echsen zeigen hier ein sehr filigranes Drohverhalten, das nicht in energische oder ungestüme Auseinandersetzungen übergeht. Dabei blähen die beteiligten Tiere – oftmals sogar mehr als zwei potenzielle Streithähne – abwechselnd ihre Vorderkörper auf oder führen Nickbewegungen mit dem Kopf aus. Es kann auch zu den bereits beschriebenen kommentkampfähnlichen Schwanzschlägen kommen. Nach Beendigung dieses Rituals entfernen sich die Verlierer meist schnell vom Ort des Geschehens, häufig begleitet vom Kopfnicken des Siegers. Eine Verfolgung findet nur dann statt, wenn sich die scheinbar unterlegenen Tiere nicht sofort aus dem Blickfeld des siegreichen Kontrahenten entfernen oder diese gar selbst erneut mit den eben geschilderten Drohgebärden beginnen.

Ernsthafte Streitigkeiten sind bei der Haltung dieser Gruppe aber noch nie aufgetreten, da wohl der unterlegene Teil sich aufgrund der großen Grundfläche des Terrariums relativ unbeschadet aus dem für ihn gefährlichen Umfeld zurückziehen kann. Dies ist jedoch als Ausnahme bei der Haltung von zwei männlichen Tieren in einem Terrarium einzuordnen; die Haltung von zwei Männchen in einem Behälter sollte unterbleiben.

Auslöser für das beschriebene Verhalten sind oftmals äußere Anlässe. Dazu kommt es beispielsweise regelmäßig bei der individuellen Fütterung mittels Pinzette. Hierbei werden die Mitbewohner angelockt, sodass sich mehrere Tiere am Fütterungsplatz versammeln. Selbst nachdem die Gruppe nach längerem Sommeraufenthalt im Freiluftterrarium ins angestammte Zimmerterrarium zurückgesetzt wurde, konnte eine solche „Überschlagshandlung“ beobachtet werden.

Gegenteilige Erfahrungen haben wir bei der Pflege anderer Gruppen von Krokodilschwanzechsen gemacht, deren Terrarien sich in einem Abstand von etwa 1 m gegenüberstanden. In jedem dieser Terrarien wurde je ein Pärchen der Echsen gepflegt, das sich ständig vorne im Bereich der Frontscheiben aufhielt, um den gegenüberwohnenden Artgenossen (unabhängig vom Geschlecht) zu drohen. Hier mussten daraufhin die Terrarien anders im Raum platziert werden, weil die Tiere durch den Anblick ihrer Nachbarn einem ständigem Stress ausgesetzt waren.

Versuche, bestehende Gruppen etwa durch Austausch eines Tieres zu verändern, hatten höchst unterschiedliche Konsequenzen. Zum Teil gelangen solche Austauschaktionen problemlos. In anderen Fällen mussten die Neuankömmlinge – unabhängig von ihrer Geschlechtszugehörigkeit – sofort wieder aus dem Behälter entfernt werden, da einzelne Mitbewohner nach kurzem „Bezüngeln" des Neulings sofort begannen, diesen anzudrohen oder gar zu beißen.

Das arttypische Drohverhalten gegenüber Artgenossen oder artfremden Lebewesen wird von männlichen und weiblichen Tieren gezeigt und, wie bereits beschrieben, regelmäßig mit dem Aufrichten und Aufblähen des Körpers eingeleitet. Bei artfremden Zielen, wie z. B. die Hand des Pflegers, reißen die Echsen häufig ihr Maul auf. Einige Exemplare verbinden diese Drohgeste zudem mit einer entsprechenden Lautäußerung, die einem kurzen Fauchen ähnelt. Dieses Verhalten wird auch gegenüber größeren potenziellen Feinden gezeigt.

Beim Erstautor stehen einige Terrarien in Fußhöhe, und wenn sich hier etwa der Familienhund dem Behälter nähert, zeigen einige Krokodilschwanzechsen das beschriebene Drohverhalten. Entfernt sich die Störquelle nicht, versuchen die Echsen zuzubeißen, was durch die geschlossenen Terrarienscheiben natürlich verhindert wird.

Der Biss einer Krokodilschwanzechse ist äußerst schmerzhaft und kann blutende Wunden hinterlassen. Dabei lassen die Echsen gewöhnlich nicht wieder sofort los, sondern

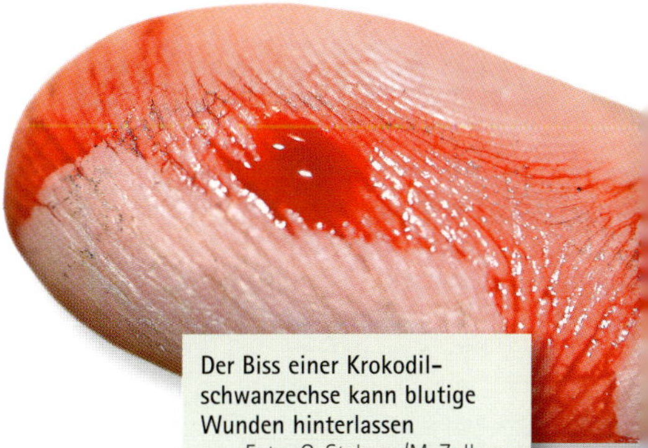

Der Biss einer Krokodilschwanzechse kann blutige Wunden hinterlassen
Foto: G. Stelzner/M. Zollweg

Auch Jungtiere können schon zubeißen
Foto: G. Stelzner/M. Zollweg

unterstützen die Bisswirkung manchmal durch schnelle Körperdrehungen um die eigene Achse, ähnlich einer „Krokodilrolle".

Man sollte tunlichst vermeiden, die Tiere gewaltsam von der Bissstelle abzuziehen, da die Zähne von *Shinisaurus crocodilurus* nach hinten gebogen sind und sich bei diesem Versuch noch tiefer in die Haut bohren würden. Diese Wunden können heftig bluten. Zum Trost sei aber gesagt, dass die Echsen nach einiger Zeit von selbst den Biss lösen, wenn man sie in Ruhe gewähren lässt.

Kommt man als Pfleger in die Situation, dass man beispielsweise ein Tier aus dem Terrarium herausfangen muss, so bietet sich das Tragen von Lederhandschuhen an, um solche Bissverletzungen zu vermeiden.

Überwinterung

In den Lebensräumen in China zieht sich *S. crocodilurus* von Oktober bis Ende März/Anfang April zur Winterruhe zurück. Vergleichende Informationen für die vietnamesischen Populationen liegen derzeit noch nicht vor. Da hier jedoch im Vergleich zu den chinesischen Verhältnissen moderatere Temperaturen in den Wintermonaten herrschen, erscheint es eher unwahrscheinlich, dass die Echsen hier eine Winterruhe einlegen (Ziegler, mündl. Mittlg.).

Zu Beginn unserer „*Shinisaurus*-Karriere“ hielten wir unsere Krokodilschwanzechsen während der kalten Jahreszeit bei kühlerer Umgebungstemperatur und reduzierter Beleuchtungsdauer und -intensität. Unter diesen Bedingungen verringerten die Tiere ihre Aktivität von sich aus und nahmen weniger bis gar kein Futter zu sich. Aufgrund der natürlichen Gegebenheiten in China sind wir jedoch später dazu übergegangen, unseren Tierbestand grundsätzlich über einen Zeitraum von mehreren Wochen richtig kühl zu überwintern.

Dies ist beim Zweitautor relativ einfach zu bewerkstelligen, da sich die Terrarien in einem unbeheizten Raum befinden, in dem neben den Krokodilschwanzechsen auch Reptilien aus ähnlichen Klimazonen gepflegt werden, sodass die Überwinterung direkt in den Terrarien stattfinden kann. Ab Dezember wird das Wasser aus den Terrarien abgelassen und hierfür feuchtes *Sphagnum*-Moos bis zu einer Höhe von ca. 10 cm eingebracht. Die Krokodilschwanzechsen verkriechen sich dann in dem Moos und werden so bis Ende Februar bei Temperaturen von 12 °C überwintert.

Beim Erstautor (Zollweg) werden die Krokodilschwanzechsen inklusive trächtiger Muttertiere ab Mitte bis Ende September langsam auf die Winterruhe vorbereitet. Dabei wird zunächst über einen Zeitraum von zwei Wochen die Lichtintensität durch Austauschen oder Ausschalten der Beleuchtung über den Terrarien nach und nach reduziert. Dabei werden auch die zur örtlichen Erwärmung dienenden Spotstrahler ausgeschaltet. Gegen Ende dieser Periode wird zeitweise das Fenster des Terrarienkellers geöffnet, sodass die Temperatur dauerhaft auf 15–18 °C fällt.

Im nächsten Schritt werden die Tiere dann einzeln oder – entsprechend der sonstigen Unterbringung im Terrarium – auch gruppen-

Plastikbehälter zur Überwinterung von *Shinisaurus crocodilurus*
Foto: G. Stelzner/M. Zollweg

weise in milchig-halbdurchsichtige Plastikbehälter mit den Maßen 50 bzw. 70 × 40 × 40 cm überführt. In die vier Seitenteile der Behälter sind Lüftungsöffnungen in der Größe 10 × 5 cm hineingeschnitten, in die Maschendraht mit der Maschengröße 0,5 cm mit Silikon eingeklebt worden ist, um das Entweichen aus den Überwinterungsboxen zu verhindern. Die Boxen werden 10–15 cm hoch mit feuchtem *Sphagnum*-Moos gefüllt, sodass sich die Tiere hierin eingraben können. Ein großes Zierkorkstück vervollständigt die Einrichtung.

Jeder dieser Überwinterungsbehälter wird mit einem Deckel verschlossen und in einen ungeheizten Kellerraum überführt. Über einen Lichtschacht erhält dieser Raum ständig Frischluft sowie auch diffuses Tageslicht. Die Krokodilschwanzechsen verbleiben hier etwa 8–12 Wochen bei Temperaturen zwischen 9 und 14 °C. Während dieser Zeit erfolgt eine tägliche Kontrolle. Bei Bedarf werden die Behälter geöffnet, um das *Sphagnum*-Moos zu befeuchten. Dabei kann regelmäßig festgestellt werden, dass einige Tiere sich auch bei den kühlen Temperaturen in den Behältern bewegen und sich aus dem feuchten Moos graben, um sich unter dem Zierkork zu verstecken oder sich an anderer Stelle wieder in das Moos einzugraben.

Grundsätzlich werden nur gesunde, adulte oder semiadulte Tiere auf diese Weise überwintert. Bei im Herbst zur Welt gekommenen Jungtieren erfolgte bislang keine Überwinterung, während trächtige Weibchen, entsprechend den natürlichen Gegebenheiten in China, überwintert werden.

Steingruber (mündl. Mittlg.) überwintert seine *S. crocodilurus* im Terrarium, wobei das Wasser im Wasserteil verbleibt. Die Tiere verweilen über einen Zeitraum von mehreren Monaten bei Temperaturen zwischen 5 und 10 °C im Wasserteil des Terrariums. Regelmäßig beginnt die Überwinterungszeit Ende Oktober und dauert etwa beim Erstautor bis Ende Januar, bei anderen Haltern bis Februar/Anfang März (Kühne eig. Beob.; Steingruber mündl. Mittlg.).

Das Erwachen der Tiere aus der Winterruhe erfolgt entweder direkt in Abhängigkeit von der herrschenden Umgebungstemperatur, oder die Überwinterungsboxen werden in einen wärmeren Bereich des Kellers überführt. Der Aufwachprozess kann sich über mehrere Tage hinziehen. Schließlich werden die Echsen in die Terrarien zurückgesetzt, wo die Beleuchtung stufenweise wieder eingeschaltet wird.

Futter nehmen die Krokodilschwanzechsen nach der Winterruhe erst bei höheren Haltungstemperaturen wieder zu sich. Vorher wird das dargebotene Futter regelmäßig ignoriert.

Manchmal zeigen einige Männchen kurz nach der „Aufwachphase“ im Überwinterungsbehälter ein Balzverhalten gegenüber den im gleichen Behälter überwinterten Weibchen. In einigen Fällen konnten wir hier auch schon Paarungen registrieren. Andere männliche Tiere zeigen jedoch kein solches Verhalten. Eine generelle Aussage, ob sich die Winterruhe stimulierend auf die Paarungsbereitschaft auswirkt, lässt sich nicht eindeutig treffen.

Überwinterung: Krokodilschwanzechse im Tiefschlaf
Foto: G. Stelzner/M. Zollweg

Gesundheitliche Probleme

Nach allgemeiner Einschätzung handelt es sich bei Krokodilschwanzechsen um robuste und wenig krankheitsanfällige Terrarientiere. Das bedeutet allerdings nicht, dass sie in menschlicher Obhut nie erkranken. Um eventuell vorhandene Krankheitsanzeichen zu erkennen, muss man seine Pfleglinge daher genauestens beobachten.

Beim Auftreten gesundheitlicher Probleme ist zunächst zwischen „äußeren Erkrankungen", wie z. B. äußerliche Verletzungen nach innerartlichen Auseinandersetzungen, sowie „inneren Krankheiten", wie beispielsweise ein parasitärer Befall, zu unterscheiden.

Stress

Vorab wollen wir auf eine der häufigsten Ursachen von Erkrankungen hinweisen: Stress. Dabei kann es sich sowohl um innerartlichen als auch durch falsche Haltungsparameter ausgelösten Stress handeln. Ein andauernder Stresszustand kann das Immunsystem des Tieres schwächen, was eine Belastung durch sonst möglicherweise allgegenwärtige Erreger oder Parasiten enorm verstärken kann (Schneller & Pantchev 2008).

Als Halter von Krokodilschwanzechsen muss man seine Pfleglinge genauestens beobachten, um die durch innerartlichen Stress verursachten Symptome rechtzeitig zu erkennen und entsprechende Schritte wie z. B. die Trennung der Tiere einzuleiten.

Bei der Ausprägung der Symptome und deren Auswirkungen ist zwischen adulten und juvenilen Tieren zu unterscheiden. Junge Krokodilschwanzechsen sind besonders intensiv zu beobachten. Erste Anzeichen für stressbedingte Probleme sind Auffälligkeiten im Verhalten der Echsen.

Gestresste Tiere ziehen sich regelmäßig in Randbereiche des Terrariums zurück. Dominante Krokodilschwanzechsen nehmen im Terrarium exponierte, oft höher gelegene Plätze ein (Äste oder Wurzeln über dem Wasserteil sowie Steine, die über die Wasseroberfläche hinausragen). Hier beobachten sie scheinbar teilnahmslos ihre Umgebung. Erscheint jedoch ein Artgenosse, wird häufig das Imponierverhalten gezeigt, wobei heftig mit dem Kopf genickt wird. Entfernt sich das angedrohte Exemplar nicht, eskaliert die Situation häufig, und das dominante Tier verlässt zielstrebig seinen angestammten Platz, um den Artgenossen zu verfolgen oder gar in einen nach den oben beschriebenen Mustern verlaufenden Kampf zu verwickeln.

Dieses Verhaltensmuster stellt jedoch die höchste Form der Eskalation dar. Oftmals genügt ein bloßer Augenkontakt zwischen den Echsen, um eine Fluchtreaktion des unterlegenen Tieres auszulösen. Im schlimmsten Fall halten sich unterdrückte Krokodilschwanzechsen überhaupt nicht mehr im Sichtbereich der dominanten Tiere auf und ziehen sich ständig in die hintersten Ecken des Terrariums zurück. In letzter Konsequenz stellen die Tiere dann nach und nach auch das Fressen ein und fristen ihr Dasein unter ständiger Angst, von dem dominanten Tier überhaupt nur wahrgenommen zu werden. In einem solchen Fall hilft nur die sofortige Trennung der Tiere!

Hat man rechtzeitig eingegriffen und die Tiere getrennt, so erholt sich das unterdrückte Tier recht schnell und zeigt alsbald wieder das normale Verhalten. Nach unseren Beobachtungen existiert aber innerhalb von zusammen gepflegten Gruppen von Krokodilschwanzechsen – auch bei der Aufzucht mehrerer Jungtiere – keine klassische Hierarchie. Einige Exemplare akzeptieren sich problemlos, während andere Tiere regelrecht „durchdrehen" und jeden Artgenossen durch das Terrarium jagen. Wie bereits erwähnt, muss man deshalb seine Tiere genauestens beobachten und betroffene Exemplare trennen, sobald erste Verhaltensauffälligkeiten zu bemerken sind.

Äußere Verletzungen

Sowohl bei innerartlichen Rangeleien als auch bei Bissunfällen während der Fütterung kann es passieren, dass Gliedmaßen verletzt oder gar abgebissen werden. Besonders gefährdet sind dabei die Zehen sowie auch der Schwanz der Echsen. Im Extremfall kann es zu Verletzungen kommen, die eine Amputation notwendig machen. Bei jeglichen größeren Verletzungen ist umgehend ein auf Reptilien spezialisierter Tierarzt (eine Liste ist unter www.dght.de einzusehen) aufzusuchen. Jegliche Versuche, am verletzten Tier selbst herumzudoktern, sind zu unterlassen.

Es war recht lange umstritten, ob sich bei Krokodilschwanzechsen ein Schwanzregenerat nach vorherigem Verlust oder Teilverlust bildet (Rogner 2001; Wölfel 2003). Eigene Erfahrungen haben gezeigt, dass die Tiere in solchen Fällen regelmäßig ein dunkelgraues Regenerat ausbilden, das jedoch nicht vollumfänglich zu alter Länge heranwächst.

Pilze, Bakterien und Parasiten

Bakterielle (Misch-) Infektionen, Pilz- und Parasitenbefall sind nach unseren Erfahrungen vornehmlich bei Jungtieren von *S. crocodilurus* zu beobachten. Bei Alttieren kann es jedoch bei dauerhaft feuchtwarmer, schlecht belüfteter Haltungsumgebung zu Pilzbefall an Zehen kommen, die zuvor bei innerartlichen Auseinandersetzungen in Mitleidenschaft gezogen worden sind. Durch Änderung der Haltungsbedingungen und Behandlung der betroffenen Stellen mit „Canesten extra"-Salbe trat jedoch schnell eine Heilung ein.

Will et al. (1998) berichten von Todesfällen unter adulten *Shinisaurus*, bei denen u. a. eine Infektion mit *Salmonella arizonae* und *Providencia rettgeri* nachgewiesen werden konnte.

Schwanzregenerat
Foto: G. Stelzner/M. Zollweg

Bei Beißereien kann es zum Verlust einzelner Zehen kommen
Foto: G. Stelzner/M. Zollweg

Ein vereinzelt aufgetretener Befall mit Oxyuriden – ein Nachweis findet über Eier im Kot der Tiere statt – in unserem Tierbestand, der sich durch Abmagern des betroffenen Exemplars sowie Fressunlust bemerkbar machte, konnte durch mehrmalige Gabe von „Panacur" geheilt werden.

Insbesondere aber Jungtiere der Krokodilschwanzechse scheinen gegenüber Pilz- und Parasitenbefall sowie bakteriellen Infektionen anfällig zu sein. So stellten Will et al. (1998) bei *S. crocodilurus* eine Infektion mit *Aeromonas*-Bakterien fest, die nach

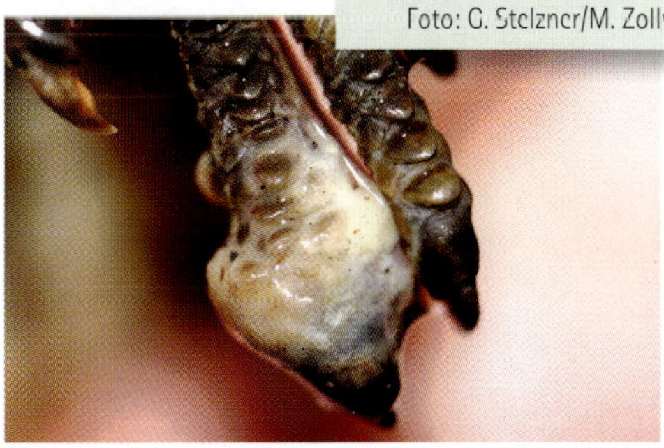

Pilzbefall an einer Zehe
Foto: G. Stelzner/M. Zollweg

Pilzbefall auf der Haut
Foto: G. Stelzner/M. Zollweg

Entzündungsherd unter der Haut
Foto: G. Stelzner/M. Zollweg

einer antibiotischen Therapie mit Boviserin, versetzt mit Enrofloxacin und einem Multivitaminpräparat, geheilt werden konnte.

Bei anderen Jungtieren wurden mehrere Krankheitsbefunde festgestellt, die oft in Kombination miteinander nach und nach zum Tode ganzer Nachzuchtgenerationen führten. Hierbei handelte es sich gehäuft um Mischinfektionen der Haut mit Bakterien/Pilzen sowie einem Befall der inneren Organe mit Nematodenlarven. Als äußerliches Symptom konnte bei den betroffenen Jungtieren einige Tage vor dem Tod der Verlust der gesamten Körperspannung beobachtet werden. Die befallenen Tiere verstarben schließlich einige Tage bis Wochen nach der Geburt.

Insbesondere bei Jungtieren, die nach der Geburt in Gruppen aufgezogen wurden, sowie bei im Frühherbst geborenen Krokodilschwanzechsen, wo die Paarung im Frühjahr erfolgte und die Trächtigkeit des Muttertieres ohne Winterruhe entsprechend kurz war, traten innerhalb der ersten Lebenswochen vermehrt derartige Mischbefunde auf. Nachdem der Erstautor die Aufzuchtbedingungen bei sich veränderte, zur strikten Einzelaufzucht übergegangen war, die trächtigen Muttertiere eine Winterruhe hielten, und den Jungtieren durch die Einbringung von Ästen in die Aufzuchtbehälter die Möglichkeit gegeben wurde, auch obere Regionen außerhalb des Wassers im Behälter aufzusuchen (Abtrocknen der Haut), traten keinerlei Verluste mehr durch die zuvor beschriebenen Krankheitsbilder auf.

Um eventuell vorhandene Krankheitsanzeichen zu erkennen, muss man seine Pfleglinge genauestens beobachten
Foto: G. Stelzner/M. Zollweg

Vermehrung und Aufzucht

Ziel eines jeden Halters von Krokodilschwanzechsen sollte die Nachzucht der Tiere sein. Zum einen trägt man damit einen Teil zur Arterhaltung der Spezies in Menschenobhut bei, und zum anderen erhält man so die Möglichkeit, die faszinierende Aufzucht dieser interessanten Echsen hautnah zu erleben.

Geschlechtsbestimmung

Zur erfolgreichen Zucht von Krokodilschwanzechsen benötigt man ein harmonierendes Zuchtpaar bzw. eine Zuchtgruppe aus einem männlichen Tier und bis zu vier weiblichen Tieren, die natürlich genauso untereinander harmonieren sollten.

Zwar kommt bei *S. crocodilurus* in der Natur keine feste Paarbindung vor (Yu et al. 2009), aber dennoch müssen die Geschlechtspartner „zusammenpassen". Hierauf muss man beim Zusammenführen von Zuchtpaaren oder -gruppen achten. Dies setzt jedoch voraus, dass man die Geschlechter eindeutig bestimmen kann. Leider ist dies nicht einfach, da die Tiere nach heutigem Kenntnisstand keinen eindeutigen Sexualdimorphismus, also kein unterschiedliches Aussehen der Geschlechter, zeigen. Femoralporen, wie sie oft bei männlichen Echsen anderer Arten zu finden sind, lassen sich bei männlichen Krokodilschwanzechsen grundsätzlich nicht nachweisen.

Nach Grychta (1993) verfügen Männchen jedoch über größere Präkloakalschuppen sowie über kleine spitze, dornige Gebilde beiderseits der Kloake. Letzteres Merkmal wird auch von einem unserer Männchen gezeigt. Allerdings scheint dies keineswegs ein sicheres Bestimmungsmerkmal darzustellen, da die Mehrzahl der sicher als Männchen bestimmten Tiere diese Merkmale nicht aufweist, dafür jedoch einige ältere weibliche Exemplare.

Allgemeine Verhaltensmuster – mit Ausnahme des Balzverhaltens und der Paarung – lassen ebenfalls keine eindeutigen Rückschlüsse auf das jeweilige Geschlecht zu. Innerartliches aggressives Verhalten wird sowohl zwischen gleichgeschlechtlichen Tieren als auch zwischen Tieren unterschiedlichen Geschlechts gezeigt.

Ahl (1930) hat in seiner Erstbeschreibung von *S. crocodilurus* auf folgende mögliche Geschlechtsunterschiede hingewiesen:

- rötliche Grundfarbe bei männlichen Tieren und graue Grundfarbe bei den Weibchen
- etwa zehn doppelte schwarze Querbinden am Schwanz bei den Männchen sowie etwa zehn einfache schwarze Querbinden bei den Weibchen
- Männchen weisen stärker entwickelte Kopfkanten auf
- stärker gekielte und größere Körperschilde beim männlichen Tier

Dornenanhängsel beiderseits der Kloake bei einem weiblichen Exemplar
Foto: G. Stelzner/M. Zollweg

Intensiv rot gefäbte männliche Krokodilschwanzechse
Foto: G. Stelzner/M. Zollweg

Männliche Krokodilschwanzechse ohne Rotfärbung
Foto: G. Stelzner/M. Zollweg

Rot gefärbte weibliche Krokodilschwanzechse
Foto: G. Stelzner/M. Zollweg

Weibliche Krokodilschwanzechse ohne Rotfärbung
Foto: G. Stelzner/M. Zollweg

FAN (1931) führte aber bereits aus, dass es sich bei der Färbung um individuelle Farbvarianten handelt, eine geschlechtsspezifische Farbgebung aber nicht feststellbar sei. ZHANG (2006) verweist allgemein auf die im Vergleich zu weiblichen Tieren prächtigere und intensivere Färbung der grundsätzlich vom Verhalten her als aktiver beschriebenen männlichen Exemplare, ohne dabei jedoch eine besonders rote Färbung für diese zu nennen.

Die von AHL (1930) als mögliches Unterscheidungsmerkmal erwähnte Bänderung am Schwanz der Tiere wurde in keiner weiteren Literaturquelle bestätigt. Lediglich ZHAO et al. (1999) bemerken noch eine mögliche regionale, fundortabhängige Variation der Bänderung des Schwanzes und dessen Farbmuster, ohne dabei jedoch eine geschlechtsspezifische Ausprägung zu erwähnen.

Nach GRYCHTA (1993) sind die Geschlechter auch deutlich an der Kopfform zu erkennen. Männliche Tiere haben demnach einen breiteren und höheren Schädel. Ein Vergleich des Verhältnisses der Kopflänge zur Kopfbreite soll nach Angaben verschiedener Halter bei ihren Tieren zu verlässlichen Ergebnissen bei der Geschlechtsbestimmung geführt haben (MÄGDEFRAU & SCHILDGER 1993; WÖLFEL 2003). Dabei soll der Quotient der Länge und Breite bei weiblichen Tieren größer und bei männlichen Tieren kleiner als 1,9 sein. Auch LANGERWERF (2008) weist auf die länger gestreckten Schädel weiblicher Tiere hin. Er maß die Schädellänge und -breite von 30 Tieren und bestimmte den Quotienten aus Kopflänge und -breite. Bei den männlichen Tieren (n = 13) konnte er einen durchschnittlichen Wert von 0,064, bei den weiblichen Tieren (n = 17) von 0,07 ermitteln. LANGERWERF selbst ging bei dieser Methode der Geschlechtsbestimmung von einer Trefferquote von ca. 90 % aus.

Um die genannten Geschlechtsmerkmale zu überprüfen, untersuchten wir 20 Tiere aus unserem Bestand. Dabei handelte es sich zum einen um Exemplare, deren Geschlecht aufgrund stattgefundener Paarungen oder Geburten sicher bestimmt werden konnte, sowie um Tiere, deren Geschlecht uns zum Zeitpunkt der Untersuchung noch nicht bekannt war.

Die individuelle Farbgebung der Tiere stellte sich dabei als kein verlässliches geschlechtsspezifisches Merkmal heraus. Teilweise ließen sich die bereits von AHL (1930) gewonnenen Erkenntnisse zwar bestätigen, und die Intensität der Färbung, wie etwa der Rotanteil, war bei einigen männlichen Tieren sehr ausgeprägt. Dies ließ sich aber nicht bei allen Individuen feststellen. So befanden sich unter den Tieren mit besonders intensiver Rotfärbung auch Weibchen, und genauso zeigten einige Männchen keine besonders intensiv ausgeprägte Färbung.

Die Schwanzbänderung ist bei allen Tieren höchst unterschiedlich ausgeprägt. Zu ähnlichen Ergebnissen kamen wir auch bei der Untersuchung der vermeintlich stärkeren Kopfkanten männlicher Krokodilschwanzechsen sowie der angeblich unterschiedlichen Quotienten aus Schädellänge und -breite. Einerseits konnten bei einigen Tieren aus dem Bestand des Erstautors verblüffende Übereinstimmungen mit diesen vermeintlichen Geschlechtsmerkmalen nachgewiesen wer-

Schädelaufsicht weibliche Krokodilschwanzechse
Foto: G. Stelzner/M. Zollweg

Schädelaufsicht männliche Krokodilschwanzechse
Foto: G. Stelzner/M. Zollweg

den. Andererseits traten aber genauso ernüchternde Ergebnisse auf.

Nach der „Quotientenmethode“ wären jedenfalls einige der eindeutig weiblichen Tiere als Männchen identifiziert worden.

Zu ähnlichen Ergebnissen kommen He et al. (2011), die die Schädellänge und Schädelbreite von 110 weiblichen und männlichen Krokodilschwanzechsen miteinander verglichen. Demnach könnte grundsätzlich in der unterschiedlichen Länge und Breite des Kopfes ein Sexualdimorphismus bei *S. crocodilurus* bestehen.

Bei der Vermessung einiger *S. crocodilurus* aus dem Bestand des Erstautors (Zollweg) fiel auf, dass die Bauchlänge, also der Abstand zwischen den Achselhöhlen der Vorder- und Hinterextremitäten, bei weiblichen Tieren durchschnittlich größer als bei den männlichen Tieren war. Die geringe Anzahl der untersuchten Exemplare (n = 20) reicht jedoch nicht aus, um dies allgemeingültig zu bestätigen. Diesbezügliche Untersuchungsergebnisse aus China bei 180 vermessenen Krokodilschwanzechsen scheinen diese Erkenntnis jedoch zu bestätigen (He et al. 2011).

Eine in Einzelfällen bei unseren Tieren durchgeführte Sondierung der Hemipenistaschen mittels medizinischer Knopfsonde ergab keine sicheren Ergebnisse bezüglich des Geschlechts. Ähnlich wie bei einigen Vertretern der Familie der Warane und Skinke drang die Sonde auch bei eindeutig weiblichen Tieren in die vermeintlichen Hemipenistaschen ein, was normalerweise bei Weibchen gerade nicht der Fall sein sollte.

Neben der Sondierung und dem archaischen Ansatz, den Hemipenis der männlichen Tiere herauszumassieren – diese Methode ist aber wegen des unkalkulierbar hohen Stressfaktors für die Tiere abzulehnen –, wurde die Bestimmung des Hormongehalts im Blut als eine Methode zur Geschlechtsbestimmung identifiziert. Bei Untersuchungen an Grünen Leguanen (*Iguana iguana*) und Komodowaranen (*Varanus komodoensis*) ist eine Methode entwickelt worden, die eine schonende Blutabnahme bei den Tieren ermöglichte (Judd et al. 1976). Gleichzeitig wurde festgestellt, dass die Werte des Sexualhormons Testosteron bei Männchen signifikant höher im Blutplasma ausfielen als bei weiblichen Tieren – und zwar ohne dass es zu einer Überlappung der Werte kam. Dies ist wiederum für die Aussagefähigkeit und „Treffergenauigkeit“ der daraus resultierenden Geschlechtsbestimmung von ausschlaggebender Bedeutung.

Joger et al. (1986) berichten von einer erfolgreichen Geschlechtsbestimmung bei der Tannenzapfenechse (*Tiliqua rugosa*) durch die Bestimmung des Testosterongehalts im Blutplasma, während endoskopische Untersuchungen der Tiere keine sicheren Ergebnisse lieferten.

Im Februar 2007 wurde zur Geschlechtsbestimmung erstmals eine Blutentnahme bei neun Exemplaren unserer Krokodilschwanzechsen vorgenommen. Diese erfolgte durch einen auf Reptilien spezialisierten Veterinär, der bei dem Eingriff von einem Helfer unterstützt wurde. Bei der Blutentnahme ist besonders vorsichtig zu agieren. Das entsprechende Tier wird zunächst von einer Person in beide Hände genommen, wobei darauf zu achten ist, dass der Hinterkörper der Echse frei herunterhängt. Anschließend muss die Echse quasi auf den Rücken gedreht werden, damit die Schwanzunterseite nach vorne zeigt. Spätestens hier kann es passieren, dass das Tier anfängt, sich aus seiner Lage befreien zu wollen. Dabei versucht es, sich mehrfach um die eigene Körperachse zu drehen („Krokodilrolle“). In diesem Fall muss man von vorn beginnen oder die Blutentnahme zuerst bei einem anderen Exemplar durchführen.

Die Nadel wird zur Blutentnahme etwa in der Mitte des letzten Schwanzdrittels zwischen den Schuppen vorsichtig eingeführt. Dann wird der Kolben der Spritze leicht nach oben geschoben und die Nadel mit leichten Auf-

und Abwärtsbewegungen so lange bewegt, bis es zum Verletzen eines Blutgefäßes kommt.

Nach Aussagen des behandelnden Tierarztes (mündl. Mittlg. F. Mittenzwei) sowie nach Joger et al. (1986) kann es dadurch sofort zu einem Bluteinschuss in das Abnahmegerät kommen. Es sind aber auch Fälle bekannt, wo diese Prozedur mehrfach minutenlang versucht werden musste, bevor es zu einem Blutfluss kam.

Bei unseren neun Krokodilschwanzechsen, bei denen auf diese Weise das Geschlecht bestimmt werden sollte, konnte zu unserer Verwunderung jedoch bei keinem der Exemplare trotz minutenlanger Versuche auf die oben beschriebene Weise Blut abgenommen werden, bzw. keine ausreichende Menge – es sind hierfür ca. 4 ml Blut notwendig. Die geplanten Blutentnahmen wurden daraufhin abgebrochen.

Anfang Oktober 2007 ist dann bei fünf Tieren ein zweiter Versuch einer Blutentnahme durchgeführt worden. Dabei konnte nur bei einem Exemplar die benötigte Menge Blut entnommen werden. Während bei einem weiteren Individuum die gewonnene Blutmenge nicht ausreichte, um weitere Untersuchungen durchzuführen, wurden bei den restlichen drei Tieren die Versuche abgebrochen.

Warum es nicht gelang, die erforderliche Menge Blut bei den Echsen zu entnehmen, war zunächst nicht ersichtlich. Bei anderen Krokodilschwanzechsen trat dasselbe Phänomen auf (mündl. Mittlg. A. Wombacher). Im Nachhinein fiel uns jedoch auf, dass der Zeitpunkt der Blutentnahme jeweils in die Monate fiel, in der die Krokodilschwanzechsen jahreszeitlich bedingt eine verringerte Aktivität zeigen. Sowohl im Februar, kurz nach Beendigung der Winterruhe, als auch im Oktober, wo bereits Temperatur und Beleuchtung zurückgefahren werden und nur noch reduziert gefüttert wird, zeigen die Echsen ein entsprechend ruhiges Verhalten im Terrarium.

Als dann jedoch eine Blutentnahme Anfang September anstand, also in der Jahreszeit, wo *S. crocodilurus* größere Aktivitäten zeigt, kam es wieder zu dem bereits beschriebenen Phänomen; bei einigen Tieren konnte wiederum kein Blut entnommen werden. Dies war auch dann der Fall, wenn die Spritze nicht in die Schwanzregion, sondern in der Flanke der Tiere eingeführt wurde. Der Tierarzt konnte jedoch feststellen, dass die Tiere, bei denen es zu keinem Bluteinschuss in das Abnahmegerät kam, die betroffenen Körperregionen ungewöhnlich stark anspannten. Ob dieses Verhalten ursächlich für den ausbleibenden Blutfluss ist und dieser Vorgang somit vielleicht aktiv durch die Tiere gesteuert bzw. beeinflusst werden kann, bedarf der weiteren Klärung.

Bei dem einen Exemplar (GL: 37,3 cm, Gewicht: 103,4 g), bei dem die Blutmenge zur Bestimmung des Testosteronanteils ausreichte, wurde hierfür ein Wert von 1,42 ng/ml festgestellt. Damit müsste es sich mit an Sicherheit grenzender Wahrscheinlichkeit um ein männliches Tier handeln (mündl. Mittlg. F. Mittenzwei). Dies bestätigte sich später, als das Exemplar bei einer Paarung beobachtet werden konnte.

Die zweite Krokodilschwanzechse, deren Testosterongehalt durch die Blutuntersuchung bestimmt werden konnte, wies einen Wert von kleiner als

Blutabnahme zur Testosteronbestimmung
Foto: G. Stelzner/M. Zollweg

Betäubte Krokodilschwanzechse während der Endoskopie
Foto: S. Steingruber

0,01ng/ml, was auf ein Weibchen hindeutet. Eine abschließende Bestätigung etwa durch eine beobachtete Paarung oder Geburt steht dazu jedoch noch aus.

Bei *Tiliqua rugosa* lagen die Werte bei den untersuchten Männchen zwischen 2,5 und 19,2 ng/ml und bei den weiblichen Tieren zwischen 0,04 und 0,3 ng/ml (Joger et al. 1986).

Der Testosterongehalt im Blut männlicher Tiere kann Schwankungen unterliegen (Judd et al. 1976). Diese können einerseits saisonal bedingt sein. So ließen sich beispielsweise bei *Tiliqua rugosa* höhere Testosteronwerte während der Paarungszeit nachweisen. Untersuchungen an anderen Echsenarten haben gezeigt, dass sexuell inaktive Männchen (Jungtiere, alte Exemplare) im Vergleich zu den sexuell aktiven Tieren niedrigere Testosteronwerte zeigen. Diese waren jedoch trotzdem stets höher als der entsprechende Wert bei weiblichen Tieren (Judd et al. 1976). Darüber hinaus kann schließlich auch der gesundheitliche Allgemeinzustand den Testosteronwert beeinflussen.

Trotz aller Unsicherheiten scheint aufgrund der vorliegenden Erfahrungen bei anderen Echsenarten und den zumindest Teilerfolgen bei *S. crocodilurus* die Untersuchung des Testosterongehalts im Blut eine brauchbare Methode zur Geschlechtsbestimmung zu sein. Dafür ist aber wiederum die Rate der fehlgeschlagenen Blutentnahmen recht hoch. Lediglich bei zwei von zwölf Krokodilschwanzechsen ließ sich eine ausreichende Blutmenge abnehmen. Aufgrund veränderter Untersuchungsmethoden hat sich die für diesen Test erforderliche Blutmenge von 3,5–4,0 ml nun auf 7,0–8,0 ml erhöht. Diese Menge ist im Verhältnis zum Gesamttier recht groß und lässt es zunehmend fraglich erscheinen, ob hiermit eine praktikable Lösung zur Geschlechtsbestimmung von *S. crocodilurus* besteht. Ob sich als Alternative die Geschlechtsbestimmung mittels einer DNA-Analyse anbietet, wie sie bei Säugetieren und Vögeln bereits üblich ist, wird zurzeit von uns geprüft.

Eine Methode, die es derzeit als einzige erlaubt, eine sichere Geschlechtsbestimmung bei Krokodilschwanzechsen durchzuführen, ist die Endoskopie (Schildger et al. 2000). Jedoch ist diese Methode mit dem Nachteil behaftet, dass dieser medizinische Eingriff obligatorisch eine Anästhesie der zu untersuchenden Tiere voraussetzt.

Bei der Endoskopie wird unter Narkose durch einen kleinen Schnitt in der Bauchwand der Sondenkopf ins Körperinnere des Tieres geführt. Das Vorhandensein von Geschlechtsorganen wie z. B. der Eierstöcke gibt dann eindeutig Aufschluss über das Geschlecht. Steingruber (mündl. Mittlg.) hat eindeutige Ergebnisse und gute Erfahrungen bei der Geschlechtsbestimmung von *Shinisaurus* mittels Endoskopie gemacht. Der notwendige chirurgische Eingriff soll von allen untersuchten Tieren gut überstanden worden sein.

Wir selbst haben bisher noch keine Erfahrungen mit dieser Art der Geschlechtsbestimmung bei Krokodilschwanzechsen. In der Vergangenheit wurde diese Methode problemlos bei größeren Echsen (Skinke, Warane) angewandt. Dennoch sind unserer Meinung nach Aufwand und Risiko dieser Methode wegen der vergleichsweise geringen Körpergröße der Krokodilschwanzechsen genauestens abzuwägen.

Geschlechtsreife

Laut Literatur werden Krokodilschwanzechsen mit drei bis vier Jahren geschlechtsreif (Zhang 2006; Yu et al. 2009). Zhang (2006) differenziert dabei zwischen drei Jahren bei in menschlicher Obhut aufgezogenen Tieren und vier Jahren bei wildlebenden Exemplaren. Andere Erfahrungen weichen hiervon ab.

Bei uns haben sich Nachzuchttiere im Alter von 2,5 Jahren zum ersten Mal verpaart. Evers (2008b) berichtet sogar von einer Paarung seiner Krokodilschwanzechsen im Alter von knapp zwölf Monaten.

Balz- und Paarungsverhalten

Krokodilschwanzechsen zeigen ein ausgesprochen nuanciertes Balz- und Paarungsverhalten. Yu et al. (2009) haben anhand von Studien im Biotop und Videoaufzeichnungen zwanzig unterschiedliche Körperhaltungen und Gebärden unterschieden, die im Zusammenhang mit der Paarung von *S. crocodilurus* zu beobachten waren. Diese Verhaltensmuster konnten größtenteils auch von uns bei unseren Tieren im Terrarium registriert werden. Einige weitere Beobachtungen ergänzen diese Erkenntnisse.

Das Balzverhalten von *S. crocodilurus* beginnt zunächst mit dem Annähern der potenziellen Partner, wobei das männliche Tier die aktivere Rolle übernimmt. Es führt in kurzen Intervallen stakkatoartige Nickbewegungen mit seinem Kopf aus. In den Pausen windet es abwechselnd den Vorderkörper hin und her und bläht sich auf.

Ist das Weibchen paarungsbereit, nähert es sich nun dem Männchen.

Das vom Männchen bei der Balz gezeigte Kopfnicken unterscheidet sich nach unseren Beobachtungen von dem als Drohgebärde eingesetzten Nicken dadurch, dass es regelmäßig von kaum merklichen, ruckartigen Intervallen unterbrochen

Kopfnicken des Männchens (oben) leitet das Balzverhalten ein
Foto: G. Stelzner/M. Zollweg

wird. Bei der entsprechenden Drohgebärde wird dagegen ein gleichmäßigeres Heben und Senken des Kopfes gezeigt.
In einigen Fällen folgt ein Kopfnicken des Weibchens als Antwort auf das Balzen des Männchens.

Entfernt sich das Weibchen während der Balz aus der unmittelbaren Nähe des männlichen Tiers, so wird es von diesem verfolgt. Bleibt das Werben weiterhin erfolglos, stellt das Männchen schließlich das Kopfnicken und Aufblähen des Vorderkörpers ein. Kommt es hingegen zu einer erneuten Annäherung, zeigt es sofort wieder sein Balzverhalten, das nun oftmals mit einem Zittern der Vorderextremitäten einhergeht.

Verbleibt das Weibchen nun in unmittelbarer Nähe zum Werber, kommt es gelegentlich zu einem oder mehreren vorsichtigen Bissen des Männchens in den Nackenbereich der Auserwählten. Nun verharrt das männliche Tier kurz und wartet die Reaktion ab. Dabei beleckt oder bezüngelt es oftmals den Kopf oder auch die Schwanz- und Kloakenregion der Partnerin.

Einige Weibchen senken daraufhin ihren Kopf, worauf regelmäßig ein klassischer Nackenbiss durch das Männchen erfolgt. Mitunter wird hierbei vom Männchen auch versehentlich ein Teil des Vorderfußes der Partnerin erfasst.

Das Männchen drückt nun mithilfe seiner Hinterfüße den Körper der Partnerin so zurecht, dass es ihn umschlingen kann und die Kloaken schließlich aufeinanderliegen. Hierbei geht das Männchen oft recht energisch zur Sache.

Während der nun folgenden Paarung wird der Nackenbiss vom Männchen beibehalten. Zusätzlich versucht es, sich mit einer seiner Hinterpfoten um den Hinterleib des Weibchens zu klammern und so die Paarungsposition zu stabilisieren. Das Weibchen verhält sich während der Kopulation, die 30–40 Minuten dauern kann, sehr passiv. Während der Paarung zeigt das Männchen im Abstand von einigen Sekunden stoß- bzw. pumpartige Bewegungen des Körpers.

Nach erfolgter Paarung lockert das Männchen zunächst den Nackenbiss, um sich daraufhin mit drehenden Schwanzbewegungen ganz von seiner Partnerin zu lösen.

Dabei verharrt das Weibchen in vielen Fällen zunächst in einem starreähnlichen Zustand, bevor es sich vom Männchen entfernt.

Scheinbiss des Männchens
Foto: G. Stelzner/M. Zollweg

Nackenbiss
Foto: G. Stelzner/M. Zollweg

Nach den Untersuchungen von Yu et al. (2009) lässt sich das Balz- und Paarungsverhalten in sieben Grundmuster von jeweils unterschiedlicher Dauer einteilen:

- Balz – Dauer: 157,29 Sek. (+/- 33,81 Sek.)
- Annäherung – Dauer: 15,5 Sek. (+/- 1,59 Sek.)
- Belecken – Dauer: 10,86 Sek. (+/- 3,05 Sek.)
- Nackenbiss – Dauer: 169,28 Sek. (+/- 31,99 Sek.)
- Umfassen des Körpers – Dauer: 66,14 Sek. (+/- 16,08 Sek.)
- Kopulation – Dauer: 2.417,14 Sek. (+/- 229,3 Sek.)
- Loslassen, Lösen – Dauer: 26,86 Sek. (+/- 9,15 Sek.)

Zhang (2006) berichtet von einer akustischen Einleitung der Paarfindung bei *S. crocodilurus* in freier Natur, bei der die Männchen nach der Winterruhe nach Weibchen rufen. Bisher konnte diese Beobachtung von keinen anderen Quellen bestätigt werden, und auch Wu (persönl. Mittlg.) konnte kein solches Verhalten im Lebensraum der Tiere feststellen. Ausgeschlossen werden kann aber ein Übersetzungsfehler der chinesischen Quelle, da der Inhalt des entsprechenden Passus von den Biologen der Guangxi Normal University, Guilin, mittlerweile bestätigt wurde (mündl. Mittlg. Z. Wu).

Im Terrarium konnte beobachtet werden, dass nicht jedes weibliche Tier vom paarungswilligen Männchen angebalzt wird. Insbesondere bei einer Gruppenhaltung, also der Vergesellschaftung von einem Männchen mit zwei oder drei Weibchen, zeigte sich, dass hierbei nur spezielle

Umklammern des Weibchens
Foto: G. Stelzner/M. Zollweg

Pärchen der Krokodilschwanzechse bei der Kopulation
Foto: G. Stelzner/M. Zollweg

Weibchen umworben werden, während die anderen Exemplare oftmals völlig ignoriert werden.

Es kann auch vorkommen, dass ein nicht paarungsbereites Weibchen durch Kopfnicken und Aufreißen des Mauls dem Männchen zu verstehen gibt, dass es kein Interesse an einer Paarung hat. Werden diese Signale vom werbenden Männchen nicht verstanden oder akzeptiert, kann es zu Auseinandersetzungen kommen, bei der das Schlagen mit dem Schwanz und Oberkörper gezeigt wird.

Abwehrverhalten eines nicht paarungsbereiten Weibchens (unten)
Foto: G. Stelzner/M. Zollweg

Ob sich weibliche Tiere in der freien Natur jedes Jahr verpaaren, ist bisher nicht geklärt. Aufgrund der geringen Verbreitung in den natürlichen Lebensräumen ist es durchaus vorstellbar, dass es etwa nur alle zwei bis drei Jahre zu Paarungen kommt. Im Terrarium kann es durchaus angebracht sein, die Weibchen nach der Geburt für eine längere Zeit nicht wieder mit Männchen zusammenzusetzen, um eine Verpaarung zu verhindern. Auf die allgemeine Konstitution der weiblichen Tiere wirkt sich dies positiv aus.

In Einzelfällen konnten wir klimatische Veränderungen als paarungsauslösende Faktoren ausmachen. So konnte beim Erstautor (Zollweg) beobachtet werden, dass es bei einigen Tieren nach Beendigung der Winterruhe noch während der Aufwärmphase im Überwinterungsbehälter zu Balzverhalten und anschließender Paarung kam. Andere Krokodilschwanzechsen zeigten jedoch keine Anzeichen von Paarungsbereitschaft.

Auch ein längerer Aufenthalt im Freien wirkte bei mehreren Paaren und Zuchtgruppen paarungsauslösend. Ebenso erfolgten während der Sommermonate Paarungen immer dann, nachdem ein umfangreicher Wasserwechsel in den Terrarien durchgeführt wurde.

Trächtigkeit und Geburt

Krokodilschwanzechsen sind nach herkömmlicher Auffassung ovovivipar, d. h. „ei-lebendgebärend". Die Ansicht, dass es sich bei dieser Echse um eine „echt lebendgebärende" Art handelt, ist nicht korrekt.

Unter Ovoviviparie verstand man bislang eine spezielle Form der Fortpflanzung, die einerseits Merkmale der Oviparie (lat. oviparus – ei-geboren) und andererseits Merkmale der Viviparie (lat. viviparus – lebendgebärend) aufweist. Ovipare Tiere schlüpfen aus einem Ei. Dagegen kommt es nur bei viviparen Lebewesen zu einer echten Geburt. Bei der Ovoviviparie werden die Jungtiere jeweils in einer dünnen Eihülle zur Welt gebracht, die während der „Geburt" oder kurz danach durchstoßen wird.

Hauptunterschied zwischen „lebendgebärenden" ovoviviparen Tieren und viviparen Tieren war nach herkömmlicher Meinung, dass der Embryo bei ovoviviparen Tieren durch den im Ei befindlichen Dottersack seine notwendigen Nährstoffe unabhängig vom Stoffwechsel des Muttertieres erhält, während der Embryo bei viviparen Tieren direkt vom Organismus des Muttertieres ernährt wird (Storch & Welsch 2005).

Allerdings werden aufgrund fließender Übergänge zwischen diesen drei „Geburts-

Trächtiges Weibchen
Foto: G. Stelzner/M. Zollweg

typen“ in der neuen Literatur (Hitz 2009) die Begriffe „Ovoviviparie“ und „Viviparie“ nur noch eingeschränkt oder in Verbindung mit zusätzlichen Kriterien verwendet. Hierbei dient z. B. die Ernährung des Embryos während der Entwicklung als zusätzliches Abgrenzungsmerkmal. Danach ist zu unterscheiden zwischen:

- Lecithotroph: Ernährung durch Dotterinhaltsstoffe
- matrotroph, plazentotroph: Ernährung durch Nährstoffe aus der mütterlichen Plazenta und unterschiedlichen Übergangsformen.

Nach den bisherigen Erkenntnissen (Hitz 2009) ist die Krokodilschwanzechse danach als „lecithotroph vivipar“ einzuordnen.

Zur Trächtigkeitsdauer von Krokodilschwanzechsen finden sich in der Literatur höchst unterschiedliche Werte. Die Tragzeit von im Terrarium gehaltenen Tieren beträgt zwischen 8 und 14 Monaten (Mägdefrau & Schildger 1993.

Nach Zhang (2006) dauert die Trächtigkeit im Lebensraum der chinesischen Populationen etwa neun Monate. Anhand durchgeführter Sektionen kam Zhang aber gleichzeitig zu dem Ergebnis, dass die Entwicklung der Embryos innerhalb von 4–5 Monaten vollständig abgeschlossen sei. Da die Paarungen an den chinesischen Fundorten der Tiere regelmäßig in den Monaten Juni bis August stattfinden, bedeutet dies, dass die Embryonen stets im Mutterleib überwintern.

Zu Beginn der Trächtigkeit lassen sich noch keine Verhaltensänderungen bei den weiblichen Krokodilschwanzechsen feststellen. Lediglich ihr Appetit wird im Laufe der Trächtigkeit größer, sodass die Tiere in der Folge merklich an Gewicht und Umfang zunehmen.

Zum Ende der Trächtigkeit wirken die Weibchen regelrecht aufgeblasen. Sie fressen nun weniger bis kaum noch und liegen schließlich einige Tage vor der Geburt nahezu regungslos im Wasser.

Unmittelbar vor Beginn des eigentlichen Geburtsvorganges weitet sich die Kloake, und die Atmung wird länger und tiefer. Dabei streckt das Weibchen seinen Kopf leicht nach oben. Häufig wird diese Bewegung von einem leichten, mehrmaligen Hin- und Herbewegen des Schwanzes begleitet. Dabei liegt das Weibchen (bei den bislang von den Autoren im Terrarium beobachteten Geburtsvorgängen) entweder vollständig im flachen Wasser, oder es befand sich zumindest der Hinterkörper der Muttertiere im Wasser, während der Vorderkörper an Land auf einer ins Wasser ragenden Wurzel oder auf

Durch Spreizen der Hinterextremitäten wird der Geburtsvorgang eingeleitet Foto: G. Stelzner/M. Zollweg

Das Jungtier wird mit dem Kopf voran ins Wasser hinein geboren Foto: G. Stelzner/M. Zollweg

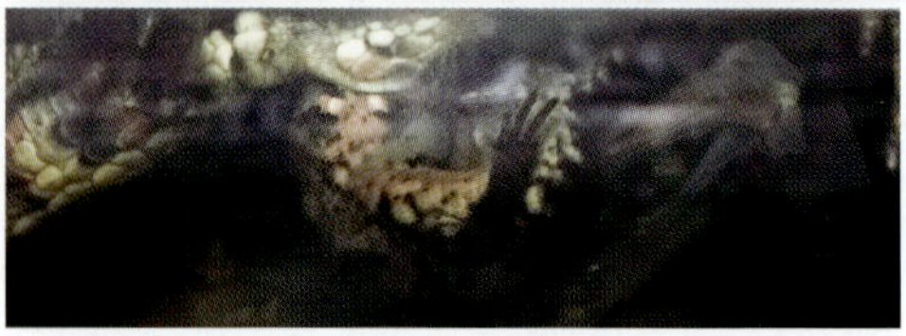

Kopf und Oberkörper des Jungtieres sind im Wasser Foto: G. Stelzner/M. Zollweg

Neugeborenes unmittelbar nach der Geburt
Foto: G. Stelzner/M. Zollweg

einem Stein ruhte. Inaugenscheinnahme von Videoaufzeichnungen des Geburtsvorganges von Tieren im Freiland und in der Zuchtstation in China durch den Erstautor bestätigten, dass die Jungtiere auch „vor Ort" ins Wasser hinein geboren werden.

Am Ende der Geburtsphase beginnt das Muttertier plötzlich, schneller zu atmen, und man kann beobachten, wie es seine Bauchmuskeln zusammenzieht und die Hinterbeine spreizt. Dies dauert lediglich etwa eine Minute. Dann tritt Flüssigkeit aus der Kloake, und nachdem das Weibchen erneut seine Bauchmuskulatur zusammenzieht, tritt das Jungtier aus der Kloake hervor. Nach nur wenigen Sekunden ist dann ein erneutes Verkrampfen des Weibchens zu bemerken, worauf der gesamte Körper des Neugeborenen freigegeben wird. Dies kann regelrecht „explosionsartig" erfolgen, wobei die dünne weißliche Eihülle, die das Jungtier noch umgibt, während des Austritts zerplatzt. Das Junge wird von der Eiflüssigkeit nahezu „weggespült".

Es kann aber auch passieren, dass die Eihülle nicht sofort beim Austritt aus der Kloake platzt. In diesem Fall muss das Jungtier die Hülle durch eigene Bewegungen zerreißen.

Häufig werden neben den Jungtieren auch unbefruchtete Eier ausgestoßen. Sie sind kugelförmig, von orangegelber Farbe und hinterlassen im Wasser meist schlierenförmige Spuren oder treiben zerplatzt auf der Wasseroberfläche. In anderen Fällen werden aber auch harte, nahezu ockerfarbene Eier ausgeschieden. Zudem kommt es vor, dass ein Weibchen nur unbefruchtete Eier ausstößt.

Die Anzahl der Jungtiere, die geboren werden, schwankt. Angaben aus China

„Wachseier"
Foto: G. Stelzner/M. Zollweg

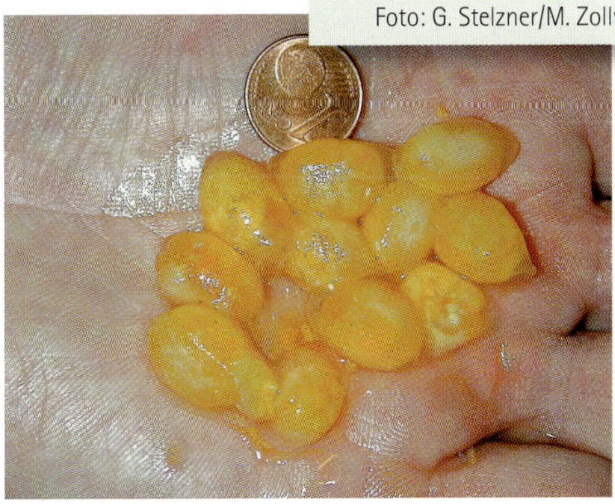

Neugeborene mit missgebildetem Rückgrat
Foto: G. Stelzner/M. Zollweg

(Z. Wu, mündl. Mittlg.) zufolge liegt die Zahl dort bei durchschnittlich acht. Bei uns im Terrarium bewegt sich die Zahl der Jungtiere pro Wurf zwischen 2 und 12. Literaturangaben zur Folge können es bis zu 15 Jungtiere sein (etwa Wölfel 2003). Die durchschnittliche Gesamtlänge der Neugeborenen liegt nach Messungen der Autoren zwischen 10 und 13 cm. Neugeborene, deren Geschwisterzahl unter acht liegt, waren durchweg um die 13 cm lang, während Jungtiere mit größerer Geschwisterzahl eher nur etwa 10 cm und teilweise weniger maßen. Das bisher kleinste lebensfähige Neugeborene beim Erstautor war 8,3 cm lang.

Mägdefrau & Schildger (1993) berichten von Geburtsproblemen bei *S. crocodilurus*. Nachdem ein Weibchen zwei lebende Jungtiere gebar, wurde zwei Monate später ein operativer Eingriff notwendig, bei dem elf tote Jungtiere aus dem Mutterleib entfernt wurden.

Es kann auch zu Totgeburten kommen, sodass man die leblosen Jungtiere in der sie noch umgebenen Eihülle im Wasser treibend vorfindet. Ebenso sind Fälle bekannt, wo nicht vollständig entwickelte oder missgebildete Junge, z. B. mit Wirbelsäulendeformationen, zur Welt gebracht wurden. Solche Exemplare verstarben bei uns regelmäßig innerhalb einiger Tage.

Leider verstarben auch einige Jungtiere ohne ersichtlichen Grund in den ersten Lebenstagen. Selbst eine anschließende Sektion durch einen Tierarzt ergab keine klaren Anhaltspunkte für die Todesursache. Auffallend war jedoch, dass es sich bei diesen Todesfällen und bei den missgebildeten Jungtieren regelmäßig entweder

Totgeburten mit „Wachseiern"
Foto: G. Stelzner/M. Zollweg

um „Erstgeburten" von recht jungen Elterntieren im Alter von 2,5–3 Jahren handelte oder aber diese Nachzuchten jeweils im Frühherbst eines Jahres geboren wurden. Im letzteren Fall fehlte den trächtigen Weibchen und ihrem Nachwuchs die zumindest in den chinesischen Lebensräumen obligatorische Winterruhe. Ob das Ausbleiben dieser Ruheperiode den Entwicklungszyklus beeinflusst und ursächlich für die Sterbefälle unter den „Herbstgeborenen" ist, bedarf weiterer Untersuchung.

An dieser Stelle möchten wir noch auf ein weiteres Phänomen hinweisen: Wir konnten bei unseren Krokodilschwanzechsen eine zeitlich gestaffelte „Geburt" beobachten. In einem Abstand von mehreren Tagen wurden zunächst „Wachseier" und tote, nicht voll entwickelte Jungtiere ausgeschieden, bevor dann entsprechend zeitversetzt vollständig entwickelte und lebensfähige Jungtiere zur Welt gebracht wurden. Dabei lagen zwischen dem Abstoßen unbefruchteter Eier bzw. unvollständig entwickelter Jungtiere und dem Absetzen der lebensfähigen Jungtiere bis zu zehn Tage. Nach der Entdeckung der Wachseier und der tot geborenen Jungtiere wurde das Terrarium ausgeräumt und intensiv, jedoch vergeblich nach lebenden Jungtieren abgesucht. Dadurch konnte ausgeschlossen werden, dass es sich bei den kurze Zeit später im Terrarium gefundenen Jungtieren um vielleicht zuvor übersehene Neugeborene handelt. Zusätzlich zu den „verspäteten" Jungtieren konnten jeweils die Reste der bei der Geburt ausgestoßenen Eihüllen im Terrarium entdeckt werden.

Aufzucht der Jungen

Während einige Halter von *S. crocodilurus* von einer problemlosen Aufzucht ihres Nachwuchses berichten, melden andere einen Verlust aller Jungtiere innerhalb der ersten Lebenswochen bzw. -monate (mündl. Mittlg. A. Wombacher).

Grundsätzlich entwickeln sich Jungtiere, die unter Terrarienbedingungen aufgezogen werden, schneller als solche, die unter Freilandbedingungen gehalten werden (Zhang 2006; Hofmann 2000).

Um Ihnen ein möglichst breites Spektrum unserer Erfahrungen bei der Aufzucht von Krokodilschwanzechsen zukommen zu lassen, berichten wir im Folgenden ausführlich und jeweils gesondert über die von uns praktizierten Aufzuchtmethoden.

Jungtier auf seinem Ast im Aufzuchtbehälter
Foto: G. Stelzner/M. Zollweg

Aufzuchtbeispiel I

Beim Erstautor (Zollweg) wurden die Nachzuchten anfangs noch jeweils kurz nach ihrer Geburt gemeinsam in einen Aufzuchtbehälter (sog. Faunabox) der Maße 45 × 20 × 15 cm (Länge × Breite × Höhe) überführt und aufgezogen. Als Einrichtung diente hier ein Stück Zierkork, das als Insel auf dem ca. 5 cm hoch eingefüllten Wasser schwamm. Ein Wasserwechsel erfolgte täglich. Nach einigen Wochen wurde ein größerer Aufzuchtbehälter (silikongeklebtes Vollglasterrarium mit den Maßen 60 × 30 × 30 cm) verwendet, in dem das Wasser gefiltert und wöchentlich gewechselt wurde und das wie oben beschrieben eingerichtet und ausgestattet war.

Aggressionen zwischen den Jungtieren konnten in den ersten Jahren nicht festgestellt werden. Jedoch kam es bei den Nachzuchten der Folgejahre – möglicherweise auch aufgrund meiner damaligen mangelnden Sensibilität für latente Stresssituationen – zu Problemen sowohl im sozialen (versteckte und erhöhte offene Aggression zwischen den Tieren) als auch im gesundheitlichen Bereich (bakterielle Infektionen, Pilz- und Parasitenbefall). Diese führten schließlich leider zum Totalverlust ganzer Nachzuchtjahrgänge.

Nach diesen frustrierenden Erfahrungen wurde zunächst die Gruppenaufzucht beibehalten, aber ich änderte einige Faktoren. So wurde das Wasser des Aufzuchtbehälters durch einen Außenfilter sowie den Einsatz eines UV-Wasserklärers ständig gereinigt. Zudem sind die Wasserwerte verändert worden (Senkung des pH-Wertes). Dennoch änderte sich nichts an den relativ hohen Verlustzahlen bei den Jungtieren.

Nach diesen Misserfolgen bei der Gruppenaufzucht wurde dann zu einer Einzelhaltung und -aufzucht übergegangen, bei der jedes Jungtier nach der Geburt eine eigene Aufzuchtbox der Größe 30 × 20 × 20 cm bezog. In den ersten Wochen der Aufzucht beträgt der Wasserstand hier nur noch 3 cm. Dadurch wird erreicht, dass die Jungtiere nicht ständig im Wasser schwimmen müssen, sondern beim Laufen im nassen Element Bodenberührung haben.

Als Einrichtungsgegenstand dient nach wie vor ein Korkstück, das nun, bedingt durch den niedrigeren Wasserstand, nicht nur als Insel, sondern auch als Versteck im Wasser von den Kleinen angenommen wird. Oft liegen diese mit ihrem gesamten Körper unter dem Korkstück, sodass lediglich der Kopf herausschaut.

Ein kleiner Ast mit einem Durchmesser zwischen 0,5 und 1 cm wird zusätzlich diagonal in jeder der Faunaboxen platziert. Somit wird sichergestellt, dass die Jungtiere auch die höheren und aufgrund der vielen im Deckel befindlichen Lüftungsschlitze besser belüfteten Regionen des Aufzuchtbehälters aussuchen können.

Von dieser Ausweichmöglichkeit machen die jungen Krokodilschwanzechsen auch besonders gerne Gebrauch. Oft verbringen sie den ganzen Tag – auf dem Ast liegend – in den höheren Regionen des Behälters. Ihre Haut trocknet dabei regelmäßig ab.

Neben anderen Ursachen hatte sich vorher eine mangelnde Belüftung des Aufzuchtbehälters als problematisch für das Wohlbefinden der Nachzuchten erwiesen. Jungtiere aus den zurückliegenden, „schlechten" Aufzuchtjahren, die einer feuchtwarmen Umgebung mit unzureichender Luftzirkulation ausgesetzt waren, bekamen gesundheitliche Probleme. Ein bakterieller Infekt der Haut, der auch später auf die inneren Organe wie Leber und Milz überging, führte schließlich zum Tod der betroffenen Tiere.

Die Haltungstemperatur liegt mittlerweile zwischen 22 °C (nachts) und max. 27 °C (tagsüber). Eine zu kalte Haltung führte in der Vergangenheit zu einer Lungenentzündung von einzelnen Jungtieren und deren anschließendem Tod. Eine dauerhafte Haltung der Jungtiere bei höheren Temperaturen hatte regelmäßig negative Auswirkungen auf die „Agilität" der Tiere.

Auf eine zusätzliche Beleuchtung der Aufzuchtbehälter wird verzichtet, da diese in einer Reihe auf einem beleuchteten Terrarium stehen und so genügend Streulicht erhalten. Zusätzlich wurde zwischen den einzelnen Aufzuchtbehältern ein Sichtschutz (Pap-

Aufzuchtbehälter für Krokodilschwanzechsen mit Sichtschutz
Foto: G. Stelzner/M. Zollweg

Mit einem Regenwurmstück wird dieses Jungtier zur Nahrungsaufnahme bewegt
Fotos: G. Stelzner/M. Zollweg

pe oder farbige Kunststoffplatten) angebracht, um einen Sichtkontakt zwischen den Jungtieren in den nebeneinanderstehenden Behältern zu verhindern.

Jungtiere, die zusammen in Gruppen in einem Aufzuchtbehälter gehalten wurden, erwiesen sich nach einer gewissen Zeit anfällig gegenüber jeglichen Stresssituationen. Insbesondere latenter innerartlicher Stress, der alleine schon durch die Präsenz eigener Artgenossen ausgelöst werden kann, führte bereits zu Verhaltensauffälligkeiten (ständiges Verstecken) und Futterverweigerung einzelner Tiere. Zudem kann es im Alter von wenigen Wochen bereits zu heftigen Beißereien zwischen den Jungtieren kommen.

Ein regelmäßiger, am besten täglicher Austausch des Wassers im Behälter ist essenziell. Mittlerweile ist dieser Wasserwechsel insofern modifiziert worden, dass nun die komplette Aufzuchtbox samt Wasser durch eine saubere und frische Box ersetzt wird. Dabei werden sowohl die Einrichtungsgegenstände wie Korkinsel und Ast nach dem Säubern und Trocknen als auch die junge Krokodilschwanzechse selbst in eine neue Box überführt. Anschließend wird das alte Wasser aus dem ersten Behälter weggegossen und dieser dann anschließend gründlich gereinigt und mit einem Küchenpapier trocken gewischt.

In der Vergangenheit waren bei den Jungtieren Verluste durch den Befall mit Nematoden und deren Eiern sowie Bakterien (Bildung ausschlagähnlicher Pusteln auf der Haut) aufgetreten, obwohl die betreffenden Elterntiere frei von jedem Befall waren. Zu dieser Zeit wurde das Hälterungswasser des damals noch größeren Aufzuchtbehälters, der für die Gruppenaufzucht diente, zwar gefiltert, aber nicht täglich gewechselt. Auch die Verwendung einer dem Filterauslauf nachgeschalteten UV-Lampe („Wasserklärer") brachte keinen durchgreifenden Erfolg. Seither wird auf einen täglichen Wasserwechsel sowie einen täglichen Austausch der Aufzuchtbehälter, die im Anschluss sehr gründlich gesäubert werden, Wert gelegt.

Junge Krokodilschwanzechsen gehen im Idealfall zwischen dem dritten und zehnten Tag nach der Geburt selbstständig an das angebotene Futter. Als erste Nahrung dienen kleine Stückchen (0,5 cm) kanadischer Tauwürmer aus dem Angelgeschäft. In diesem Zusammenhang soll die positive Eigenschaft des bei der in der Vergangenheit praktizierten Gruppenaufzucht auftretenden Futterneids nicht verschwiegen werden. Zumindest einige Nachzuchttiere gingen hierdurch besser ans Futter. Demgegenüber stehen aber die Nachteile wie leichtere Krankheitsübertragungen und das Auftreten innerartlichen Stresses bei der Gruppenaufzucht.

Die Fütterung der kleinen Krokodilschwanzechsen kann sich, zumindest während der ersten Lebenswochen, als problematisch erweisen.

Häufig werden die als Erstnahrung angebotenen und sich noch bewegenden Regenwurmstückchen von den Jungtieren zunächst ignoriert und nicht selbstständig gefressen.

Erst nach einer „animierten" Futtergabe, bei der jedes Jungtier zwischen Daumen und Zeigefinger einer Hand festgehalten wird und gleichzeitig mit der anderen Hand ein Wurmstückchen mit einer Pinzette direkt mehrfach leicht gegen das Maul der Echse gestoßen bekommt, erfolgt regelmäßig die Nahrungsaufnahme. Diese Art der „animierten" Fütterung hat sich trotz des sanft ausgeübten Zwangs in solchen Fällen bewährt.

Bei dieser Art der Fütterung öffnet das Jungtier irgendwann sein Maul, sodass das Futterstück mithilfe der Pinzette hineingelegt werden kann. Durch diese Berührung schließt die Echse reflexartig ihr Maul, und kurz danach erfolgt unter kauenden Bewegungen der Schluckvorgang.

Es kann jedoch vorkommen, dass einzelne Jungtiere bereits im Vorfeld dieser Fütterungsform in eine Art Akinese (Totstellverhalten) verfallen und durch nichts zu einer Reaktion zu bewegen sind. Dann hilft nur Abwarten.

Andere Tiere wiederum behalten zwar das gereichte Futterstück im Maul, schlucken es aber nicht herunter oder spucken es unter kauenden Bewegungen wieder aus. Häufig lassen sich die kleinen Echsen erst durch mehrmaliges Reizen der Halsunterseite mit einem Finger zum Schluckvorgang bewegen.

Ebenso kann es erfolgreich sein, die Echse, sobald sie das Wurmstück im Maul hat, ruhig in der halbgeschlossenen hohlen Hand zu halten. Auf diese Weise schirmt man sie vor anderen möglichen Reizen ab, bis der Schluckvorgang schließlich beendet ist. Hierbei muss darauf geachtet werden, dass das Tier nicht durch eine plötzliche Flucht aus der Hand entkommen kann und möglicherweise auf den Fußboden stürzt. Man sollte es erst nach vollständiger Beendigung des Schluckvorgangs in den Aufzuchtbehälter zurücksetzen.

Diese Art der Fütterung wird anfangs (beginnend etwa 8–10 Tage nach der Geburt) täglich, später (nach etwa drei Wochen) im zweitägigen Rhythmus mit 1–2 Futterstückchen, die in unregelmäßigen Abständen (etwa zwei bis dreimal pro Woche) mit einem handelsüblichen Vitaminpräparat und Mineralstoffen bestäubt werden, durchgeführt. Nach etwa sechs Wochen beginnt dann regelmäßig jedes der Jungtiere, die individuell mit der Futterpinzette angebotenen Regen-

Schreckmoment für den Pfleger: Wie tot liegt dieses Jungtier schlafend auf der Wasseroberfläche
Foto: G. Stelzner/M. Zollweg

wurmstücke selbstständig anzunehmen. Nun werden auch erstmals andere Futtertiere gereicht, bevorzugt kleine Steppengrillen, weil diese langsamer als Heimchen gleicher Größe sind und leichter von den kleinen Krokodilschwanzechsen erbeutet werden können.

Es sollte jeweils nur eine kleine Anzahl Futtertiere – maximal 3–4 Stück – in den Aufzuchtbehälter gegeben werden, da einige Jungtiere diese sonst als lästig und störend empfinden könnten und hierauf mit Stress reagieren.

Zudem kann es passieren, dass insbesondere Heimchen bei längerem und unkontrolliertem Aufenthalt im Aufzuchtbehälter die kleinen Echsen unter Umständen anknabbern. Daher sind nicht gefressene Futtertiere nach einigen Stunden bzw. spätestens nach einem Tag aus dem Aufzuchtbehälter zu entfernen.

In den Sommermonaten, also etwa im Alter von 3–4 Monaten, werden auch die heranwachsenden Krokodilschwanzechsen zeitweise im Freien gehalten. Wenn die Witterung es zulässt, werden sie in spartanisch eingerichteten „Sommerterrarien" der Größe 60 × 30 × 30 cm nach draußen gesetzt. Der Wasserstand beträgt in diesen Terrarien 7 cm, eine Zierkorkröhre dient als Versteck und Landteil.

Die Fütterung erfolgt dann nur im Schnitt alle 2–3 Tage. Dabei werden sowohl kleine Regenwürmer und Stücke von Tauwürmern mit der Futterpinzette angeboten als auch kleine Heuschrecken und Grillen ins Terrarium gegeben.

Die jungen Krokodilschwanzechsen entwickeln sich nach der etwas schwierigen Anfangsphase in aller Regel sehr gut.

Auf eine Verhaltensweise, die insbesondere bei Einsteigern der Krokodilschwanzechsenhaltung regelmäßig panikartige Zustände auslöst, soll an dieser Stelle noch hingewiesen werden. Junge *S. crocodilurus* sind von Natur aus nicht gerade hyperaktiv, manchmal treiben sie in ihren Aufzuchtbehältern wie vermeintlich tot auf dem Wasser. Dabei können sich Kopf und Oberkörper unter der Wasseroberfläche befinden, während der Rest des Körpers zusammengekrümmt auf dem Wasser treibt. Es kann auch vorkommen, dass zudem ein Hinterbein abgespreizt wird. Die ersten Male passiert es regelmäßig, dass der Halter erschrickt und seine Pfleglinge bei diesem Anblick irrtümlich für tot erklärt. Doch sobald man die vermeintliche Wasserleiche berührt, erwacht sie schlagartig aus ihrem „Totenschlaf".

Bei der anfangs praktizierten Gruppenaufzucht konnte regelmäßig ein unterschiedliches Wachstum der Tiere festgestellt werden. So traten bei gleichaltrigen Exemplaren nach vier Monaten bereits Längenunterschiede von bis zu 6 cm auf, bei einer Gesamtlänge zu diesem Zeitpunkt von 15 und 21 cm. Ob dies auf die Gruppenaufzucht und der daraus resultierenden Hierarchie, bei der die stärksten Tiere am meisten fressen, zurückzuführen ist, konnte nicht gänzlich geklärt werden. Dennoch werden die Jungtiere, nachdem sie etwa ein halbes Jahr einzeln gehalten wurden, regelmäßig weiter in Gruppen zusammen aufgezogen. Das 100 × 50 × 50 cm große

Terrarium ist wie bei den erwachsenen Tieren eingerichtet, lediglich der Wasserstand beträgt nur 6 cm.

Die Jungtiere müssen hier ständig beobachtet werden, sodass man unterdrückte Exemplare bei den ersten Anzeichen von Stress sofort separieren kann.

Die Umfärbung der Krokodilschwanzechsen ist erst mit Erreichen der Geschlechtsreife, nach ca. 2,5–3 Jahren, vollzogen.

Aufzuchtbeispiel II

Auch beim Zweitautor (Kühne) werden die Jungtiere nach der Geburt zunächst von den Elterntieren bzw. vom bereits vor der Geburt einzeln gehaltenen Muttertier getrennt. Dazu werden sie, je nach Gesamtanzahl, in kleinen Gruppen von meist drei Tieren in sogenannte Faunaboxen mit einer Grundfläche von ca. 35 × 25 × 25 cm überführt.

Der Wasserstand in den Behältern beträgt anfänglich 2 cm. Ein Bodengrund ist nicht vorhanden, und lediglich ein Korkstück dient als Versteckmöglichkeit und Ruheplatz. Die Jungtiere werden bei Zimmertemperatur gehalten. Neben Tageslicht (die Behälter stehen, vor direktem Sonnenlicht geschützt, in einem hellen, unbeheiztem Terrarienraum) erhalten die Aufzuchtbehälter keine weitere Beleuchtung. Ein vollständiger Wasserwechsel wird jeden zweiten Tag durchgeführt.

Bei der Fütterung kommt dem sonst als Versteck- und Ruheplatz dienendem Korkstück eine weitere Bedeutung zu. Erste Fütterungsversuche der Jungtiere finden regelmäßig mit 0,5–1,0 cm langen Regenwurmstücken statt, die mit Stecknadeln auf dem Kork fixiert werden. So ist zunächst gewährleistet, dass die Futterstücke nicht ins Wasser fallen, sondern sich an Land bewegen, was in der Regel wichtig zur Auslösung des Beutereizes ist. Einmal gepackt, lösen sich die Futterstückchen relativ einfach durch die Schnappbewegung der jungen Echsen von den Nadeln. Zudem werden die jungen Echsen bei dieser Methode nicht von anderen äußeren Einflüssen abgelenkt, und der Pfleger kann sich gegebenenfalls auch vom Behälter wegbewegen. Nicht gefressene Wurmstückchen werden täglich entfernt. Diese Fütterungsprozedur wird anfänglich täglich angewandt. Nach etwa fünf Wochen erfolgt die Zugabe kleiner Heimchen (Größe 4–5 mm), die in diesem Aufzuchtstadium gern von den jungen Krokodilschwanzechsen gefressen werden. Sowohl die Heimchen als auch die Regenwurmstücke werden einmal die Woche mit Vitaminen und Mineralstoffen bestäubt.

Es konnte beobachtet werden, dass durch die Gruppenaufzucht und dem oft auftretenden Futterneid zwischen den Jungtieren die Tiere insgesamt besser und schneller selbstständig ans Futter gehen, als dies vergleichsweise bei einer Einzelhaltung der Fall ist. Treten gruppendynamische Probleme auf, sind die Tiere allerdings zu trennen.

Sind mehrere solcher Aufzuchtgruppen vorhanden, wird darauf geachtet, dass nur Tiere von etwa gleicher Körpergröße jeweils zusammengesetzt werden. Falls die gleichaltrigen Krokodilschwanzechsen ein unterschiedliches Wachstum aufweisen, werden die Gruppen deswegen getrennt und je nach Körpergröße der Tiere wieder neu zusammengestellt.

Ansonsten müssen Tiere dann u. U. auch individuell weiter aufgezogen werden. Nach unseren Beobachtungen sind dominate Tiere meistens besser entwickelt als die übrigen Bewohner gleichen Alters und fressen auch selbstständig, ohne dass der Futterreiz durch die Anwesenheit und das Verhalten anderer Jungtiere erhöht wird. Bei dieser Aufzuchtmethode sind Fingerspitzengefühl und gute Beobachtungsgabe erforderlich. Oft ist es eine Gratwanderung. Einerseits wird bei der Aufzucht auf die Gruppenwirkung (selbstständige Futterannahme durch „Futterneid“) gesetzt, andererseits besteht immer die Gefahr, dass die Mitbewohner einem Dauerstress durch die anderen Mitbewohner im Aufzuchtbehälter ausgesetzt sind. Hier gilt es abzuwägen und genau zu beobachten.

Damit sie nicht ins Wasser fallen, werden kleine Regenwurmstückchen mit Stecknadeln auf dem Kork fixiert
Foto: G. Stelzner/M. Zollweg

Die Jungtiere schnappen begeistert zu und ziehen die Regenwurmstückchen von den Nadeln ab
Foto: G. Stelzner/M. Zollweg

Schutzstatus

Shinisaurus crocodilurus ist seit 1990 im Anhang II des Washingtoner Artenschutzübereinkommens sowie in Anhang B der EU-Artenschutzverordnung aufgenommen. Dies ist angesichts der zunehmenden Gefährdung (Biotopzerstörung, illegaler Fang) unserer Meinung nach auch absolut gerechtfertigt.

Von außerhalb der EU stammende Tiere dürfen nur mit sogenannten CITES-Papieren importiert und gehandelt werden. Für Nachzuchten ist unbedingt ein Herkunftsnachweis erforderlich. Dieser muss sicher dokumentieren, dass das Tier aus einer legalen Nachzucht stammt oder legal importiert wurde. Bei Kauf von Nachzuchten sollte dieses Papier idealerweise neben Namen und Adresse des Züchters auch z. B. die Nummern der CITES-Papiere der ursprünglich importierten Elterntiere enthalten sowie Angaben zur Behörde, bei der die Zucht gemeldet ist. Im Zweifel ist es die Aufgabe des Halters, der Artenschutzbehörde zu beweisen, dass seine Tiere legal sind – nicht umgekehrt!

Der Erwerb, die Weitergabe, die Nachzucht und der Verlust der Echsen (Tod) muss den jeweils zuständigen Behörden nach § 7 Abs. 2 Bundesartenschutzverordnung kurzfristig angezeigt werden. In Hessen beispielsweise ist dies das jeweils zuständige Regierungspräsidium (oft sind es die Unteren Landschaftsbehörden). Entsprechende Vordrucke für Meldungen sind auf den Internetseiten der Behörden häufig elektronisch herunterladbar. Für größere Bestände lohnt sich das zusätzliche Führen von sog. Zuchtbüchern, die dann regelmäßig bei der Behörde vorgelegt werden müssen. Hier werden Bestandsveränderungen chronologisch erfasst und jedem Tier eine Zuchtbuchnummer zugeordnet, die dann bei den jeweiligen Meldungen jeweils zwecks Identifikation der Behörde mitgeliefert wird.

UN-Briefmarke mit *Shinisaurus*-Motiv
Foto: G. Stelzner/M. Zollweg

Durch Abholzung der Wälder, wie hier China, wird der Lebensraum von Shinisaurus crocodilurus zerstört
Foto: G. Stelzner/M. Zollweg

Aktivitäten vor Ort

Neueste Untersuchungen in China (Huang et al. 2008) haben ergeben, dass zum einen ein drastischer Rückgang der Krokodilschwanzechsen-Population von teilweise bis zu 90 % im Zeitraum von 1978 bis heute festgestellt wurde. Zum anderen ist eine zunehmende Fragmentierung der einzelnen Vorkommen zu verzeichnen. So wird in China von einer Gesamtzahl von etwa 1.000 Tieren ausgegangen. Lediglich acht inselartige Vorkommen, die im Minimum 10 km auseinanderliegen, ließen sich im Jahr 2008 in den chinesischen Provinzen Guangxi und Guandong noch nachweisen, wobei einige der Gebiete mittlerweile aufgrund der Initiative der staatlichen Firmen, die die Flächen wirtschaftlich nutzen, von Sicherheitsfirmen oder Wildschützern bewacht werden.

Im chinesischen Luokeng Nature Reserve ist auch ein Erhaltungszuchtprogramm angelaufen, bei dem mittlerweile in Menschenobhut nachgezüchtete Krokodilschwanzechsen erfolgreich wieder ausgesiedelt werden konnten (Zhang 2006). Die hierfür verwendeten Freilandterrarien befinden sich im natürlichen Lebensraum der Echsen, sodass die Tiere den natürlichen Klimabedingungen ausgesetzt waren.

Die Zuchttiere werden dabei in ca. 2 m² großen Terrarien gehalten, die aus Ziegeln gebaut wurden und über einen großen Wasserteil verfügen. Als ideale Besatzdichte für diese Terrarien werden 4–5 Tiere genannt, wobei das Geschlechterverhältnis 1:3 bzw. 1:4 beträgt. Die Zuchttiere hatten eine Länge von mindestens 35 cm und ein Gewicht von 100 g.

Informationsbroschüren aus dem Daguishan Nature Reserve
Fotos: G. Stelzner/M. Zollweg

Die Aufzucht der Nachzuchten erfolgte in separaten Aufzuchtterrarien, die ebenfalls im Freiland untergebracht waren. Im Jahre 2004 erfolgte dann erstmalig unter Aufsicht der zuständigen Naturschutzbehörde die Auswilderung von Nachzuchttieren in die freie Wildbahn. Ziel dieses Zuchtprogramms ist es, sowohl den Bestand der Krokodilschwanzechsen als auch ihren Lebensraum zu vergrößern.

Eine durch den Erstautor angeregte Initiative zwischen der biologischen Sektion der Guangxi Normal University in Guilin und der Zoologischen Gesellschaft für Arten- und Populationsschutz e.V. (ZGAP) hat die Erforschung der wildlebenden Population sowie den Aufbau einer Zuchtstation in einem weiteren chinesischen Fundgebiet der Art als Aufgabe. Die ZGAP wurde im Jahre 1982 von einer kleinen Gruppe engagierter Naturschützer gegründet. Ziel der Gesellschaft ist in erster Linie die Erhaltung wenig bekannter, bedrohter Arten sowie der Schutz ihrer Lebensräume. Die Einbindung einheimischer Biologen und Biologiestudenten und deren Vorbereitung auf die eigenverantwortliche Führung der Projekte gehören zu den Grundprinzipien der Gesellschaft.

Auf der Jahreshauptversammlung der ZGAP im Jahr 2009 wurde erstmals ein Vortrag über *S. crocodilurus* gehalten, bei dem auch die vor Ort gewonnenen Erkenntnisse zur Bestandssituation der Art in China ein große Rolle gespielt haben. Parallel dazu war von den chinesischen Biologen ein zunächst auf zwei Jahre ausgerichteter Projektplan („Survey on the Threats on *Shinisaurus* in Daguishan Nature Reserve and the Build of a breeding station") entwickelt worden,

der als Grundlage für das *Shinisaurus*-Projekt der ZGAP diente. Dieser Projektplan bezog sich auf die Krokodilschwanzechsen-Population im Daguishan Nature Reserve. In einem ersten Schritt des Projektes wurde im Jahre 2009 zunächst das Vorkommen der Krokodilschwanzechsen untersucht. Dazu wurde die Qualität des Lebensraumes begutachtet (Habitatanalyse, Verbreitungsspektrum) sowie begleitend erste Schulungsmaßnahmen der Bevölkerung durchgeführt.

In einem zweiten Schritt ging es dann um die Standortanalyse für eine Zuchtstation. Hier konnte schließlich am Rande des Daguishan Nature Reserve eine geeignete Stelle ausgemacht werden.

Bei einem Besuch der Station im April 2011 konnte der Erstautor sich einen ersten Eindruck vor Ort machen (Zollweg 2011a, b). Zum Zeitpunkt des Besuchs waren neun Freilandterrarien der Zuchtstation fertig gebaut, in denen Krokodilschwanzechsen lebten. Die größten Terrarien sind aus Beton gefertigt und messen 6 × 3 × 1,5 m. Die Innen- und Außenwände sind mit glatten Kacheln versehen, die ein Eindringen von Schädlingen sowie das Entweichen der Echsen verhindern sollen.

Die Behälter verfügen über einen natürlichen Wasserdurchfluss aus dem an die Zuchtstation angrenzenden Bach. Dadurch ist gewährleistet, dass das Wasser im Wasserteil der Terrarien ständig erneuert wird. Bepflanzt sind die Terrarien entsprechend der angrenzenden natürlichen Biotope der Krokodilschwanzechsen. Eine Kontrolle und Sicherung der Station vor Ort ist gewährleistet. Jedes Terrarium wird von einer Videokamera überwacht. In der technischen Zentrale der Station werden alle Bewegungen in den Terrarien auf-

Zuchtstation im Daguishan Nature Reserve
Foto: G. Stelzner/M. Zollweg

gezeichnet. So konnte die Geburt der ersten zehn Jungtiere im April 2011 in allen Details aufgezeichnet werden. Im Oktober 2011 fand eine erste Konferenz zur Situation der Krokodilschwanzechse in China statt, an der der Erstautor teilnehmen konnte. Aus diesem Anlass wurden weitere Schutzmaßnahmen eingeleitet und das oben beschriebene Projekt als Vorbild für die Einrichtung weiterer Zuchtstationen in anderen Vorkommensgebieten ausgewählt (Zollweg 2012). Auch die oben erwähnte Zuchtstation wurde weiter ausgebaut. Im Oktober 2011 befanden sich 12 Freilandterrarien in Betrieb. Die Freilandanlagen wurden darüber hinaus durch bauliche Veränderungen weiter verbessert. So sind alle Terrarien mit Netzen gegen Beutegreifer aus der Luft abgesichert worden. Mittlerweile kümmert sich eine Gruppe von Angestellten des Naturschutzreservates um die Betreuung der Anlage.

Europäisches Zuchtbuch

Die European Studbook Foundation, kurz ESF (www.studbooks.eu.), ist eine gemeinnützige Organisation, die im Stiftungsregister der holländischen Handelskammer unter der Nr. 41136106 registriert ist. Ihre Stiftungsziele sind die Bewahrung von Reptilien und Amphibien in menschlicher Obhut – mit Schwerpunkt auf gefährdete Arten – durch den Aufbau und die Bestandspflege genetisch überlebensfähiger Populationen insbesondere durch:

- Führen eines Europäischen Zuchtbuches
- Koordination von Zuchtprogrammen mit dem Ziel, genetisch stabile Zuchtgruppen zu erhalten
- Kooperation mit

2012 wurden Schutzhütten errichtet, aus denen Wildhüter die Echsen 24 Stunden im Biotop bewachen
Foto: G. Stelzner/M. Zollweg

Wiederansiedlungsprojekten im natürlichen Lebensraum
- Sammeln, Erstellen und Veröffentlichung von Erkenntnissen zur Zucht und Haltung von Reptilien und Amphibien

Neben zoologischen Gärten nehmen an diesem Projekt auch engagierte private Halter und Züchter von Krokodilschwanzechsen teil. Mit der Einführung eines Zuchtbuches für *Shinisaurus crocodilurus* soll Folgendes erreicht werden:

1. Aufbau und Betreuung einer genetisch vielfältigen Zuchtpopulation. In diesem Zusammenhang sind auch Ihre Tiere von großer Bedeutung für den Erfolg des Zuchtprogrammes. Ein Zuchtbuch kann sich nur bei einer breiten Basis von Beteiligten und registrierten Tieren erfolgreich weiterentwickeln.
2. Sammeln und Austausch von Informationen zur Erweiterung des Wissens über die Art.
3. Unterstützung und Hilfestellung für das unter dem Dach der Zoologischen Gesellschaft für Arten und Populationsschutz e.V. (ZGAP) geführte *Shinisaurus*-Projekt, das die Erforschung und die Zucht der Art in China zur Aufgabe hat.

Mittlerweile (Stand Juli 2012) sind etwa 70 Krokodilschwanzechsen im Zuchtbuch registriert und erste Austauschaktionen zwischen den Teilnehmern durchgeführt worden. So sind etwa Nachzuchttiere der Zuchtbuchführer dem Zoo Helsinki/Finnland zum Aufbau einer Zuchtgruppe zur Verfügung gestellt worden.

Danksagung

Für die Überlassung von Bildmaterial, Literatur sowie den Austausch von Haltungserfahrungen und tierärztliche Betreuung danken wir Dieter Boxheimer, Gelnhausen; dem Field Museum of Natural History, Chicago (USA); dem Hessischen Landesmuseum, Darmstadt; Michael Hoffmann, Zoo Dresden; Dr. Stefan Hoffmann, Kassel; Siebren Kuperus, Meppel (NL); Christian Langner, Billerbeck; Jochen Meyer, Stuttgart; Dr. Frank Mittenzwei, Biebergemünd; Andreas Obermann, Horstmar; Alfred A. Schmidt, Bergen-Enkheim; Michael Scheffert, Zoo Dresden; Andreas Wombacher, Mömbris; Stefan Steingruber, Arnegg (CH); und Henk Zwartepoorte, Zoo Rotterdam (NL). Besonders bedanken möchten wir uns zudem bei Dr. Thomas Ziegler, Zoo Köln, für das Überlassen von Bildmaterial der Krokodilschwanzechsen und deren Lebensraum in Vietnam.

Herrn Prof. Dr. Zhengjun Wu, Guilin (P.R.C.), College of Life Sciences, Guangxi Normal University, und Herrn Roland Wirth von der Zoologischen Gesellschaft für Arten- und Populationsschutz (ZGAP) gebührt der besondere Dank des Erstautors für die Unterstützung bei der Vorbereitung und der Betreuung während seines Besuches der *Shinisaurus*-Habitate in China.

Für die exzellente Übersetzung der chinesischen Literatur ins Deutsche danken wir Herrn Zhaoqiang Tong, Peking (P. R. C.). Für die Fotoarbeiten und die Gestaltung der Grafiken gebührt Herrn Georg Stelzner, Frankfurt, unser besonderer Dank.

Danke auch von mir!
Foto: G. Stelzner/M. Zollweg

Weitere Informationen

Zur Vertiefung der in diesem Buch gegebenen Informationen und zum tieferen Einblick in terraristische und herpetologische Themenbereiche empfehlen sich die Mitgliedschaft in einem Verein gleich gesinnter Terrarianer und ein intensives Literaturstudium. Die folgenden Auflistungen sollen dabei behilflich sein, einen Einstieg in die Thematik zu finden, können aber natürlich nur einen kleinen Ausschnitt aufzeigen.

Zeitschriften

REPTILIA, TERRARIA/elaphe
Terraristik-Fachmagazine
erscheinen je sechs Mal jährlich,
mit Internetportal für Kleinanzeigen
Natur und Tier - Verlag GmbH
An der Kleimannbrücke 39/41
48157 Münster, Tel.: 0251-133390
E-Mail: verlag@ms-verlag.de
www.reptilia.de

DRACO
Terraristik-Themenheft
erscheint vier Mal jährlich
Natur und Tier - Verlag, s. o.

SAURIA
Terraristik und Herpetologie
erscheint vier Mal jährlich
Terrariengemeinschaft Berlin e.V.
Bruno Treu
Gardes-du-Corps-Str. 12
14059 Berlin
E-Mail: abo@sauria.de
www.sauria.de

Untersuchungsstellen

Kotproben, Sektionen und andere Untersuchungen können von spezialisierten Tierärzten oder von veterinärmedizinischen Untersuchungsstellen, die es in vielen Städten gibt, vorgenommen werden. Eine Liste mit Tierärzten, die sich mit Reptilien und Amphibien beschäftigen, kann über die DGHT bezogen oder auf www.dght.de eingesehen werden.

Exomed, Postfach 630149, 10266 Berlin
Tel.: 030-51067701, E-Mail: labor@exomed.de
www.exomed.de

Universität München, Klinik für Vögel, Reptilien, Amphibien und Zierfische, Kaulbachstr. 37, 80539 München, Tel.: 089-2180-2283
Mobil: 0177-5781344 (Notdienst)
E-Mail: reptilienstation@vogelklinik.vetmed.uni-muenchen.de
www.vogelklinik.vetmed.uni-muenchen.de

Chemisches und Veterinäruntersuchungsamt Ostwestfalen-Lippe, Westerfeldstr. 1, 32758 Detmold, Tel.: 05231-9119
E-Mail: Poststelle@cvua-owl.de
www.cvua-owl.de

Vet Med Labor GmbH
Division of IDEXX Laboratories
Mörikestr. 28/3, 71636 Ludwigsburg
Tel.: 01802-838-633
E-Mail: hotline-Germany@idexx.com
www.idexx.de
(für privat nur über Ihren Tierarzt)

Vereine und Interessensgruppen

Die Deutsche Gesellschaft für Herpetologie und Terrarienkunde (DGHT; www.dght.de; DGHT e. V., N 4 1, 68161 Mannheim, Tel.: 0621-86256490, E-Mail: gs@dght.de) ist mit über 7.000 Mitgliedern die weltweit größte Gesellschaft ihrer Art und bringt Wissenschaftler und Hobbyherpetologen zusammen. Mitglieder erhalten verschiedene herpetologisch/terraristische DGHT-Zeitschriften und haben Zugriff auf ein Kleinanzeigen-Internet-Portal.

Artenschutzfragen

Bundesamt für Naturschutz
Artenschutzvollzug
Konstantinstr. 110
53179 Bonn
Tel.: 0228-8491-1311
E-Mail: citesma@bfn.de
www.bfn.de

Verwendete und weiterführende Literatur

Ahl, E. (1930): Beiträge zur Lurch- und Kriechtierfauna Kwangsi's. – Sitzungsber. Gesellschaft naturforsch. Freunde vom 1. April 1930, Berlin: 329–331.

Bever, G.S., C.J. Bell & J.A. Maisano (2005): The ossified braincase and cephalic osteoderms of *Shinisaurus crocodilurus* (Squamata,Shinisauridae). – Palaeontoligia Electronica Vol. 8 Issue 4A, 36 S.

Chan, B.P.L., M.W.N. Lau, N. Sai-Chit & J.R. Fellowes (Hrsg.) (2004): Report of Rapid Biodiversity Assessment at Loukeng Nature Reserve, North Guangdong, China, September 2002. – South China Forest Biodiversity Survey Report Series: No: 40; Kadoorie Farm and Botanic Garden

Conrad, J.L. (2004): Skull, mandible, and hyoid of *Shinisaurus crocodilurus* Ahl (Squamata, Angiomorpha). – Zoological Journal of the Linnean Society 141: 339–434.

Conrad, J.L. (2006): An Eocene shinisaurid (Reptilia,Squamata) from Wyoming, USA. – Journal of Vertebrate Palaeontology 26(1): 113–126.

Department of Zoology, IEBR (2000): [Survey of the fauna (mammals, birds, reptiles and amphibians) of Yen Tu mountain]. – Institute of Ecology and Biological Resources, Hanoi

Dzung, N.H., H.M. Tuong, R. Soriaga & P. Walpole (2004): The Return of Limestone Forests. – Asia Forest Network, Northeastern Vietnam.

Evans, S.E. & Y. Wang (2005): The Early Cretaceous lizard *Dalinghosaurus* from China. – Acta Palaeontologica Polonica 50(4): 725–742.

Evers, M. (2008a): Chinesische Krokodilschwanzechse – Lebensweise und Terrarienpflege (I). – DATZ 61(5): 72–78.

Evers, M. (2008b): Chinesische Krokodilschwanzechse – Fortpflanzung und Nachzucht (II). – DATZ 61(6): 68–72.

Fan, T.H. (1931): Preliminary report of reptiles from Yaoshin, Kwangsi, China. – Bulletin of the Department of Biology, College of Science, Sun Yatsen University 11: 1–154.

Forest Protection Department of the Bac Giang Province (2010): Tay Yen Tu Nature Reserve: Biodiversity Conservation Value and Development Potential. – Publishing House for Science and Technology.

Gao, K.-Q. & M.A. Novell (1998): Taxonomic revision of Carusia (Reptilia, Squamata) from late Cretaceous of the Gobi desert and the phylogenetic relationships of angiumorhan lizards. – Americam Museum Novitatcs 3250: 1–51.

GRANDE, L. (1984): Paleontology of the Green River Formation, with a review of the fish fauna. – The Geological Survey of Wyoming; Bulletin 63.

GRYCHTA, U. (1993): *Shinisaurus crocodilurus* AHL, 1930 – Haltung, Ernährung, Geburt und neue Erkenntnisse über die Krokodilschwanzhöckerechse. – Sauria 15(1): 9–10.

HE, N., Z. WU, F. CAI, Z. WANG & C. HUANG (2011): Sexual dimorphism of *Shinisaurus crocodilurus*. – Chinese Journal of Ecology, 2011, 30(1): 7 11.

HITZ, R. (2009): Trächtigkeits- und Geburtskomplikationen bei lebendgebährenden Echsen mit Bemerkungen zu Viviparie und Plazentation. – Scincus 2: 13–24.

HOFMANN, E.G. (2000): The chineses crocodile lizard (*Shinisaurus crocodilurus*): mysterious slumberer of the Mogots. – Reptiles Magazine 8(4): 60–71.

HUANG, C.M., H. YU, Z.J. WU, Y.B. LI, W. WIE & M.H. GONG (2008): Population and conservation strategies for the Chinese crocodile lizard (*Shinisaurus crocodilurus*) in China. – Animal Biodiversity and Conservation 31(2): 63–70.

HU, Q., Y. JIANG & E. ZHAO (1984): A Study on the taxonomic Status of *Shinisaurus crocodilurus*. – Acta Herpetologica Sinica 3(1): 1–7.

JIANG, J., Z.J. WU, H. YU, C.M. HUANG & Z.X. WANG (2009): Prey Discrimintion Mechanisms of Chinese Crocodile Lizard (*Shinisaurus crocodilurus*). – Zoological Research 30(5): 553–559.

JOGER, U., E. WALLIKEWITZ & A. HAUSCHILD (1986): Hormon- und serochemische Untersuchung zur Bestimmung des Geschlechts und zur Überprüfung des Gesundheitszustandes bei *Trachydosaurus rugosus* (GRAY, 1827). – Salamandra, Frankfurt am Main, 22(1): 21–28.

JUDD, H., J. BACON, D. RÜEDI, J. GIRARD & K. BENIRSCHKE (1976): Determination of sex in the Komodo dragon *Varanus komodoensis*. – Int. Zoo Yb., London, 17: 208–209.

KLEMBARA, J. (2008): A new anguimorph lizard from the lower Miocene of North-West Bohemia, Czech Republic. – Palaeontology Vol. 51(1): 81–94.

KUDRJAWTSEW, S.W. & D.B. WASILJEW (1991): Haltung und Zucht der Kokodilschwanz-Höckerechse *Shinisaurus crocodilurus* AHL, 1930 im Moskauer Zoo. – Salamandra 27(3): 219–221.

MCDOWELL, S.B. JR. & C.M. BOGERT (1954): The systematic position of *Lanthanotus* and the affinities of the anguimorphan lizards. – Bulletin of the American Museum of National History 105: 1–12, plates 1–16.

LANGERWERF, B. (2008): Three More Chinese Crocodile Lizard (*Shinisaurus crocodilurus*) Secrets. – Reptiles Magazine 16(4): 40–47.

LEMOS, J.A., G.R. SMITH & G.A. WOOLRICH (2012): Familiy Xenosauridae in Mexico (La Familia Xenosauridae en Mexico). – ECO/ Serpent's Tail/ June 8, 2012

LIEU, N.X. (2000): Conversation, utilization and management of forest genetic resources in Vietnam. – Central Forest Seed Company, Hanoi, Vietnam.

MÄGDEFRAU, H. (1987): Zur Situation der Chinesischen Krokodilschwanz-Höckerechse, *Shinisaurus crocodilurus* AHL, 1930. – Herpetofauna 9(51): 6–11.

MÄGDEFRAU, H. & B. SCHILDGER (1993): Neues von *Shinisaurus crocodilurus* AHL, 1930. – Herpetofauna 15(87): 11–16.

NING, J.J., C.H. HUANG, H. YU, D.L. DAI, Z.J. WU & Y.L. ZHONG (2006): Summer habitat Characteristics of the Chinese Crocodile Lizard (*Shinisaurus crocodilurus*) in the Luokeng Nature Reserve, Guangdong. – Zoological Research 27(4): 419–426.

QUYET, L.K. & T. ZIEGLER (2003): First record of the Chinese Cocodile Lizard from outside of China: Report on a population of *Shinisaurus crocodilurus* AHL, 1930 from

North-Eastern Vietnam. – Hamadryad 27(2): 193–199.

ROGNER, M. (2001): Zur Lebensweise, Haltung, Pflege und Vermehrung der Krokodilschwanz-Höckerechse *Shinisaurus crocodilurus*. – REPTILIA 31: 55–61.

ROGNER, M. (2006): Eine Rarität: Krokodilschwanz-Höckerechse. – DATZ 59(10): 34–38.

SCHERPNER, C. (1971): Grzimeks Tierleben. Enzyklopädie des Tierreiches, sechster Band: Kriechtiere. – Kindler Verlag, Zürich: 320–321.

STORCH, V. & U. WELSCH (2005): Kurzes Lehrbuch der Zoologie. 8. Auflage. – Spektrum Akademischer Verlag.

VU, T.Q.A., M. WORBES & R. MITLÖHNER (2003): Tree growth dynamic of two natural secondary gallery forest stands in West Yen Tu Reserve, Northeast Vietnam. –Technological and Institutional Innovations for Sustainable Rural Development: 1–8.

WANG, Z.X., Z.J. WU, L. CHEN, S. YU, H. YU, C.H. HUANG & J. JIANG (2009): Effects of Pregnancy and Ages on Temperature Selection and Resting Metabolic Rates in Chinese Crocodile Lizard, *Shinisaurus crocodilurus*. – Journal of Guangxi Normal University, Natural Science Edition, 27(2): 80–83.

WANG, Z.X., Z.J. WU, H. YU, C.H. HUANG & Y.M. ZHONG (2008): Thermoregulatory and thermal dependence of resting metabolic rates in the Chinese crocodil lizard *Shinisaurus crocodilurus* in the Luokeng Nature Reserve, Guangdong. – Acta Zoologica Sinica 54(6): 964–971.

WILCKE, H. (1985a): Erfolgreiche Eingewöhnung von seltenen Krokodilschwanz-Höckerechsen im Vivarium, Darmstadts Tiergarten, gelungen. – herpetofauna 7(34): 30.

WILCKE, H. (1985b): Eingewöhnung, Haltung und Geburt der seltenen Kokodilschwanz-Höckerechsen, *Shinisaurus crocodilurus*, AHL, 1930. – Sauria 7(1): 3–4.

WILL, H., M. HOFFMANN & U. GRÄTZ (1999): Chronologischer Abriß der Haltung, Zucht und Aufzucht von Krokodilschwanz-Höckerechsen (*Shinisaurus crocodilurus*) im Zoo Dresden. – Zool. Garten N.F. 69(2): 126–132.

WÖLFEL, H. (2003): Neuigkeiten von der Krokodilschwanz-Höckerechse *Shinisaurus crocodilurus* (AHL, 1930). – Elaphe 2003(1): 22–29.

WU, C. & Z. HUANG (1986): Morphological comparison of *Shinisaurus crocodilurus* and *Xenosaurus grandis*. – Sinizoologia 4(4): 41–50.

YU, S., Z.-J. WU, Z.-X. WANG, L. CHEN, C.-M. HUANG & H. YU (2009): Courtship and Mating Behaviour of *Shinisaurus crocodilurus* Bred in Luokeng Nature Reserve, Guangdong. – Chinese Journal of Zoology 44(5): 38–44

ZHANG,Y.(1991): *Shinisaurus*, the Chineses crocodilian lizard. – China, Forestry Publishing House; Guilin 1991

ZHANG,Y. (1996): Studies on ultrastructure and karyotypes of crocodilian lizard. – China Guangxi Teachers's press 96:1–12.

ZHANG, Y. (2003): A glimpse of the rare Chinese xenosaur. – CHINA pictoral, man and environment, Guangxi

ZHANG, Y. (2006): The Reproduction of *Shinisaurus crocodilurus* Species of China and its Reintroduction in the Nature. – Guilin, China, 121 S. [in Chinesisch]

ZHAO, E., K. ZHAO & K. ZHOU (1999): Shinisauridae. – Fauna Sinica, Reptilia Vol. 2, Beijing, China: 205–209.

ZHENG, Z. & Y. ZHANG (2004): Survey of the current status of Crocodile Lizard (*Shinisaurus crocodilurus* AHL) in Guangxi. – Living Forest; KFBG; Issue No.:7: 40–42.

ZHU, H. , H. WANG, B. LI & P. SIRIRIGSA (2003): Biogeography and floristic affinities of limestone flora in southern Yunnan, China. – Annals of Missouri Botanical Gaden 90(3): 444–465.

ZIEGLER, T. & H.-W. HERRMANN (2002): Wiederentdeckung zweier gehörnter Grubenottern in Vietnam. – Mitteilungen Zoologischer Gesellschaft für Arten-und Populationsschutz e.V. 18(2): 24–26.

ZIEGLER, T., L.K. QUYET, V.N. THANH, R. HENDRIX & W. BÖHME (2008): A Comperative Study of Crocodile Lizards (*Shinisaurus crocodilurus* AHL, 1930) from Vietnam and China. – The Raffles Bulletin of Zoology 56(1): 181–187.

ZIEGLER, T. & N.Q. TRUONG (2008): The amphibian and reptilian breeding station at Hanoi. – Waza Magazine Nr. 9: 10–12.

ZOLLWEG, M. (2009): Initiative zum Schutz der Chinesischen Krokodilschwanz-Höckerechse. – Mitteilungen Zoologischer Gesellschaft für Arten- und Populationsschutz e.V. 25(2): 28.

ZOLLWEG, M. (2010): Neues zur Geschlechtsbestimmung bei der Krokodilschwanzechse, *Shinisaurus crocodilurus*. – REPTILIA 85: 66–72.

ZOLLWEG, M. (2011a): Neues aus dem Projekt zum Schutz der Krokodilschwanz-Höckerechse. – Mitteilungen Zoologischer Gesellschaft für Arten-und Populationsschutz e.V. 27(1): 12–13.

ZOLLWEG, M. (2011b): Zu Besuch bei der Krokodilschwanzechse. – REPTILIA Nr. 91: 39–46.

ZOLLWEG, M. (2012): Erfolgreiches Projekt zum Schutz der Kokodilschwanz-Höckerechse in China. – Mitteilungen Zoologischer Gesellschaft für Arten- und Populationsschutz e.V. 28(1): 15.

Geliebt und bedroht: *Shinisaurus crocodilurus*
Foto: G. Stelzner/M. Zollweg

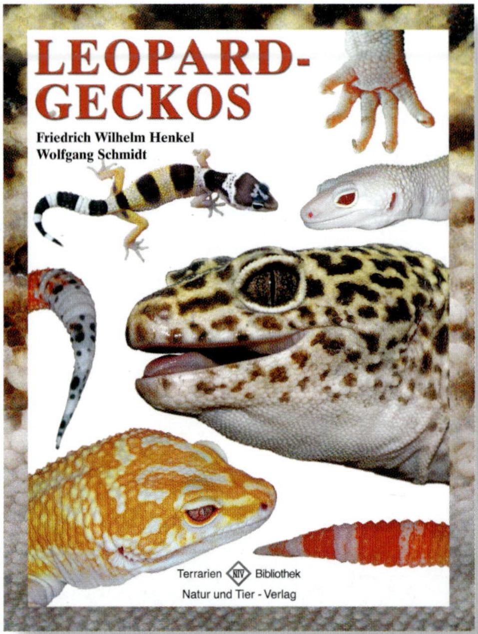
LEOPARD-
GECKOS
Friedrich Wilhelm Henkel
Wolfgang Schmidt
Terrarien NTV Bibliothek
Natur und Tier - Verlag

Terrarien NTV Bibliothek
Natur und Tier - Verlag
ROTAUGEN-
LAUBFRÖSCHE
DIE GATTUNGEN AGALYCHNIS UND CRUZIOHYLA
Tobias Eisenberg